A ALIANÇA PRÉ-DILUVIANA
A IMPLICAÇÃO DO RELACIONAMENTO DE DEUS COM OS PRIMEIROS HUMANOS

Editora Appris Ltda.
1.ª Edição - Copyright© 2024 dos autores
Direitos de Edição Reservados à Editora Appris Ltda.

Nenhuma parte desta obra poderá ser utilizada indevidamente, sem estar de acordo com a Lei nº 9.610/98. Se incorreções forem encontradas, serão de exclusiva responsabilidade de seus organizadores. Foi realizado o Depósito Legal na Fundação Biblioteca Nacional, de acordo com as Leis nos 10.994, de 14/12/2004, e 12.192, de 14/01/2010.

Catalogação na Fonte
Elaborado por: Dayanne Leal Souza
Bibliotecária CRB 9/2162

A663a 2024	Araújo, Tális Cruz de A aliança pré-diluviana: a implicação do relacionamento de Deus com os primeiros humanos / Tális Cruz de Araújo. – 1. ed. – Curitiba: Appris, 2024. 157 p. : il. ; 23 cm. Inclui referências. ISBN 978-65-250-6458-1 1. Gênesis. 2. Criacionismo. 3. Relacionamento. 4. Humanos. 5. Cruz. I. Araújo, Tális Cruz de. II. Título. CDD – 222

Livro de acordo com a normalização técnica da ABNT

Appris editora

Editora e Livraria Appris Ltda.
Av. Manoel Ribas, 2265 – Mercês
Curitiba/PR – CEP: 80810-002
Tel. (41) 3156 - 4731
www.editoraappris.com.br

Printed in Brazil
Impresso no Brasil

TÁLIS CRUZ DE ARAÚJO

A ALIANÇA PRÉ-DILUVIANA
A IMPLICAÇÃO DO RELACIONAMENTO DE DEUS COM OS PRIMEIROS HUMANOS

Appris
editora

Curitiba, PR
2024

FICHA TÉCNICA

EDITORIAL	Augusto V. de A. Coelho
	Sara C. de Andrade Coelho
COMITÊ EDITORIAL	Marli Caetano
	Andréa Barbosa Gouveia (UFPR)
	Edmeire C. Pereira (UFPR)
	Iraneide da Silva (UFC)
	Jacques de Lima Ferreira (UP)
SUPERVISORA EDITORIAL	Renata C. Lopes
PRODUÇÃO EDITORIAL	Emily Pinheiro
REVISÃO	Katine Walmrath
DIAGRAMAÇÃO	Bruno Ferreira Nascimento
CAPA	Daniela Baum
REVISÃO DE PROVA	Bruna Santos

DEDICATÓRIA

Dedico este trabalho primeiramente e principalmente a Deus, o Pai, ao Senhor Jesus Cristo e ao Espírito Santo, que são a única fonte de inspiração que constitui as palavras reveladas ao homem, isto é, a Bíblia Sagrada, agradecendo ao Senhor pela obra redentora da Cruz do Calvário.

Reforço esta dedicatória reconhecendo a influência dos meus familiares como aqueles que me ensinaram, direcionaram e me exortaram nos caminhos do Senhor desde o meu nascimento, aos quais farei menção: meu querido pai, Nixon Araújo; minha querida mãe, Maria Adélia Ferreira; meu irmão, Caio Cruz; meus tios paternos Neusa Rocha, Fernando Rocha, Redinaldo Batista e Gleide Batista; meus avós paternos, Manoel Batista e Maria da Glória; meus primos paternos, Dayvson Rocha, Bruna Schultz, Victor Freitas, Dayana Rocha, Thaís Almeida e Thayná Almeida.

Dedico também aos meus avós maternos, Ornil Cruz (in memoriam) e Cely Ferreira; aos meus tios maternos, Marcos Coutinho, Nilzeti Coutinho, Joel Nunes, Nilséia Nunes, e Santusa Cruz; aos meus primos maternos, Camila Nunes, Cássia Coutinho, Karen Coutinho e André Nunes; ao meu padrasto, Antônio Reis, e *à* minha madrasta, Valéria Fonseca; e a todos os meus demais familiares.

Dedico também a Jocimar Freitas (in memoriam) e esposa, Lucymar Freitas; ao meu grande amigo e irmão em Cristo Gabriel Freitas, filho desse casal, junto de sua irmã, Bárbara Freitas; aos meus tios também paternos José Sodré (in memoriam) e Alzemira Souza; ao meu primo e querido amigo no conhecimento do Senhor, Robert Souza, junto de todas as suas irmãs e familiares; e ainda ao meu amigo e irmão em Cristo Jozias Dumer e família.

Em reconhecimento pela amizade que tive com os pastores da minha igreja e comunidade de fé, a Igreja Batista em Afonso Cláudio, dedico também esta obra a: Pr. Paulo Bonfá, Pr. Edson Belchior, Pr. Geraldo Mielki e ao atual pastor, grande amigo e irmão em Cristo, Pr. Leandro Lima e família, junto do Pr. Gabriel Ramos e família.

Dedico esta obra também à comunhão e amizade com os amigos que tive ao longo da vida, a meus irmãos em Cristo que tive a oportunidade de conhecer e que serviram comigo na obra do Senhor no ministério dos

Embaixadores do Rei, assim como em outros ministérios, em especial o de Música, relembrando felizes e bons momentos vividos servindo a Deus com os levitas desse ministério, destacando minha amizade com o irmão Josias Coelho e família.

Por último, dedico esta obra a todos os leitores que terão a oportunidade de apreciar este trabalho, considerando todos que necessitam conhecer a graça e a misericórdia de Cristo Jesus através da Cruz do Calvário.

Que o Senhor em sua infinita bondade e graça abençoe a todos!

APRESENTAÇÃO

Esta obra literária demonstra a busca para uma melhor compreensão a respeito das possíveis implicações do livro de Gênesis e do que isso significa para o cristão. A ênfase deste trabalho se inclina para destacar o advento messiânico de Cristo implantado ainda no período antediluviano, e corrobora um assunto importante de ser discutido, aprendido, lido, e destacado.

Eu, Tális Cruz de Araújo, autor desta obra, compreendi a importância de estudar esse tema e repassar esse conhecimento adiante, considerando que no livro será possível ver também as implicações científicas, filosóficas e históricas, que darão um pano de fundo para as Escrituras Sagradas e que servem de material apologético para o cristão defender a sua fé.

Tendo a Bíblia como a palavra escrita de Deus, e a natureza como a obra de Deus, ambas em algum momento irão dizer a mesma coisa, pois o autor é o mesmo, portanto não é preciso uma guerra entre a Bíblia e a Ciência, basta deixar as duas falarem e tirar as devidas conclusões.

O meu desejo como autor é que esta obra possa enriquecer o conhecimento dos leitores, ao mesmo tempo que robustece a capacidade de argumentação destes frente a questionamentos profundos.

PREFÁCIO

O autor na sua experiência cristã entende que foi vocacionado por Deus para escrever essa obra. Considerando a temática com pouca exposição teológica publicada, integra diversas áreas do saber contendo muitas curiosidades.

Durante a leitura, percebe-se o harmonioso entrelaçamento quântico entre o Dono da ciência, sabedoria e poder, de mãos dadas com a sua Palavra, a Bíblia Sagrada. Isso foi acontecendo desde a era pré-diluviana na condução dos primeiros humanos desde Gênesis 3:15 até à cruz de Cristo.

Vale ressaltar que a leitura reaviva a memória e nos faz mergulhar em um mar de conhecimento. A cada página virada, curta a leitura desta obra, pois é terapia para a alma e conhecimento para a mente e nos revela novas formas de viver.

Neusa Maria de Araújo Rocha
Pedagoga com pós-graduação em Educação (UFES)

SUMÁRIO

DECLARAÇÃO:
O PORQUÊ DE RACIONALMENTE EU ACREDITAR NA EXISTÊNCIA
DE DEUS..13

BREVE REFLEXÃO:
POR QUE JESUS MORREU NA CRUZ?..15

INTRODUÇÃO..17

CAPÍTULO 1
A CRIAÇÃO E A QUEDA..19
   O início...19
   A aliança do primeiro casal..22
   A consequência da ambição..29

CAPÍTULO 2
A VIDA APÓS A QUEDA..37
   A nova realidade...37
   A concepção de ofertar...43
   O período de avivamento..45

CAPÍTULO 3
O MUNDO E A GENEALOGIA PRÉ-DILUVIANA....................................47
   O mundo da pré-civilização...47
   As características dos descendentes adâmicos..........................57

CAPÍTULO 4
O FIM DO MUNDO PRÉ-DILUVIANO...71
   A distorção causada pelo pecado......................................71
   O anúncio de um recomeço...81
   O compromisso de Noé...84
   O perecimento de uma realidade.......................................90
   A veracidade diluviana: a Ciência comprova o dilúvio?................94

RESUMO..103

CONSIDERAÇÕES FINAIS 105

CONCLUSÃO..107

POSFÁCIO...109

BÔNUS
CURIOSIDADES: PERGUNTAS E RESPOSTAS...............................111

REFERÊNCIAS..145

DECLARAÇÃO: O PORQUÊ DE RACIONALMENTE EU ACREDITAR NA EXISTÊNCIA DE DEUS

Se o universo é somente matéria, energia e espaço, dessa forma não há vida após a morte, pois os corpos físicos são somente matéria. Mas como explicar os sentimentos, as emoções, as reações que definem um ser consciente, se elas não são físicas e palpáveis? A raiva não pode ser apalpada, a tristeza não pode ser apalpada, a alegria não pode ser apalpada, então como a natureza com os processos naturais e físicos produziu em mim algo que eu não posso apalpar?

Causas naturais que se delimitam somente àquilo que é físico não podem criar sentimentos em seres, porque só poderão gerar elementos constituídos de matéria que não transcendem a matéria. Se for dito que a natureza pode gerar sentimentos, ou seja, se ela for Deus, então ela se autoanula, já que ela não pode criar algo que transcende ela mesma.

Se ainda for dito que somente os processos naturais de nosso organismo produzem os nossos sentimentos, logo, não temos consciência, porque tudo se resume a esses processos somente físicos. Mas temos uma consciência, o que demonstra que por meio dela podemos sentir emoções e sentimentos distintos.

Os sentimentos transcendentes à matéria que temos apontam para um ser consciente que nos deu uma consciência, visto que ninguém pode se autocriar. A consciência que temos revela que ela se origina de alguém já consciente, e que a colocou no ser humano, e se temos uma consciência, logo, temos vida. Somente alguém que transcende a matéria pode criar algo que a transcende, por isso esse fundamento me leva a acreditar na existência de Deus.

BREVE REFLEXÃO:
POR QUE JESUS MORREU NA CRUZ?

Tudo está relacionado à ordem de Deus a Adão de não comer do fruto da árvore da ciência do bem e do mal. Foi uma ordem, não um pedido (Gn. 2:16–17, 3:11). Deus criou o homem numa conexão com ele fora do pecado (Rm. 5:12) e deixou claro que a consequência da desobediência dessa ordem seria a morte; não uma morte física imediata como sugeriu Satanás (Gn. 2:17, 3:2–5), mas uma morte espiritual que nos separaria dele (Rm. 3:9–18, 21–23), tirando a condição do homem de ser eterno (Gn. 3:19, 1 Co 15:50–55) e gradualmente nos atribuindo a uma morte física. Adão falha desobedecendo à ordem de Deus, colhendo essas consequências e as levando para toda a humanidade futura, isso significa que a conexão original só poderia ser reestabelecida se houvesse uma interferência não humana. Essa interferência viria através de alguém somente se ele se encarnasse, e aqui entra Jesus. Jesus veio para cumprir a ordem ou justiça que Adão não cumpriu (Rm. 5:15–19), e como Adão falhou, significa que Jesus só cumpriria a ordem do início se tomasse sobre si as consequências da desobediência dela. A consequência era a morte espiritual e física (Mt. 27:45–50), por isso ele morreu na Cruz do Calvário, realizando um sacrifício que quebraria as consequências do pecado original, e levando quem o aceita como Senhor e Salvador à aliança original estabelecida no início, entre Deus e o homem.

INTRODUÇÃO

O período de tempo do mundo pré-diluviano está conectado também àquele vivido antes da queda da humanidade. A queda ocorrida em Gênesis 3 configura o termo "Pré-Diluviano", pois o Dilúvio ocorreu por causa dos efeitos da queda.

O surgimento do ser humano trouxe um significado específico para a criação e durante todo o discorrer das eras e épocas, num contexto natural, e na dependência do que tange à predeterminação da vinda de um futuro Salvador. A história de um Deus que criou o homem à sua imagem e semelhança enaltece a bondade e o privilégio de fazermos parte da sua grande obra que gerou vida à realidade.

A obediência a Deus nos permite ter plena comunhão com ele, e vemos exemplos disso ainda no "mundo antigo", com destaque especial a Enoque," o homem que andava com Deus", e Noé, homem justo e íntegro em meio a uma realidade totalmente deturpada pelo pecado.

O início da história humana possui várias abordagens e propostas que tentam justificar a nossa origem, mas para aqueles que creem no relato do livro de Gênesis é demonstrado por essas pessoas a fé em uma revelação que transcorreu muitos séculos e manteve-se intacta mediante várias perseguições. A busca para entender o passado é muito importante para haver uma compreensão do presente e o impacto causado no futuro, principalmente ligado à promessa do advento de Jesus Cristo.

O livro de Gênesis é um motor primário para todo o discorrer da construção bíblica, no que tange à narrativa histórica, espiritual e messiânica, pois detém em si o poder de ser a origem do desenvolvimento do presente e do futuro.

Capítulo 1

A CRIAÇÃO E A QUEDA

O início

"Tudo é d'Ele, tudo subsiste por meio d'Ele, e tudo converge para a sua soberania." É o que diz Rick Warren (1. ed., Zondervan, 2002, p. 21) em seu livro *Uma vida com propósitos* e principalmente a Bíblia em Romanos 11:36. A obra da criação foi fruto do amor de Deus por tudo o que criou e determinou para se relacionar com Ele.

Mesmo sabendo por meio de sua omnisciência o que ocorreria com a sua criação através do ser que Ele instituiu como imagem e semelhança do Deus Triúno (Gn. 1:26), e já tendo predeterminado um plano por causa da separação advinda da desobediência, onde o homem se rebelou contra o seu Criador (1 Pe. 1:19–20), isso não causou um "bloqueio" para que pelo seu poder houvesse vida.

Conforme nos relata o livro de Gênesis, Deus criou tudo em seis dias e o sétimo dia foi por Ele santificado, pois nesse dia Ele descansou de toda a obra que havia feito, não no sentido de fadiga, mas no sentido de deleitar-se em contemplação ao que criou. Leandro Bertoldo escreveu em seu livro *O Dia do Senhor* que no sábado o Senhor coroou a semana de criação e delimitou para sempre a semana de sete dias (ver *O Dia do Senhor*, 1. ed., Clube de Autores, 2015, p. 20).

Deus determinou as espécies terrestres e aquáticas para subsistirem no seu determinado ambiente (Gn. 1:21–22, 24–25), o que inibe a possibilidade de uma contínua evolução, e evidenciando que a criação foi constituída em seis dias cronológicos, dentro dessa visão[1].

---

[1] A Teoria da Evolução foi lançada ao mundo através do trabalho do naturalista britânico Charles Darwin, quando teve seu livro chamado *A origem das espécies* publicado em 1859. A partir daí surgiram dois termos que são geralmente usados por criacionistas, a "Macroevolução" e a "Microevolução". Macroevolução é um termo científico que diz sobre a evolução de uma espécie para uma outra configuração de espécie. Microevolução é a evolução de uma espécie dentro de sua própria espécie (adaptação). Os dois termos foram criados pelo entomólogo russo Yuri Filipchenko em 1927 no seu trabalho em alemão *Variabilität und Variation* (ver Bônus – Curiosidades: perguntas e respostas — Questão 10).

Podemos conceber que, se a criação ocorreu em seis dias literais, existe a possibilidade do Chronos ter-se originado quando Deus disse "Haja luz", já que o tempo cronológico está ligado ao fato de haver luz através de fótons (Gn. 1:14), e dessa forma os dias literais seriam delimitados pela luz do Sol e a claridade da Lua (ver Bônus – Curiosidades: perguntas e respostas — Questão 11).

Aparentemente há uma contradição em Gênesis 1 e 2, onde no capítulo 1 há a narrativa da criação em seis dias, com o homem sendo **criado**[2] no versículo 27 (aqui, homem significa humanidade, "macho e fêmea"), e no capítulo 2, a criação do homem do pó da terra no versículo 7. Uma seguinte pergunta pode surgir: A criação em seis dias foi no capítulo 1 ou 2?

Vejamos alguns detalhes do capítulo 2: havia terra, isto é, o elemento material e seco (Gn. 2:5–6), que surge no terceiro dia, estando submersa e aparecendo após uma drenagem de águas (Gn. 1:9–13). Se havia terra orgânica, também havia vegetações, pois no terceiro dia com o aparecimento da terra seca foram criadas também as plantas.

De acordo com essas colocações, antes da criação do homem do pó da terra, temos a confirmação da criação antes disso, ou seja, em Gênesis 2 a conclusão da criação será com o homem criado do pó da terra, no sexto dia. Podemos chegar à conclusão de que o capítulo 2 é um complemento do capítulo 1, especialmente na formação do homem, onde o detalhe dele ser formado fisicamente é adicionado no capítulo 2.

Em Gênesis 2:5 temos a confirmação de como era a Terra antes de ter vegetações, sendo praticamente estéril. Antes dessa passagem temos a confirmação das origens da totalidade da **criação**[3] no versículo 4. A **terra**[4] estéril nesse caso era a condição em que ela estava quando o planeta ainda

---

[2] Deus cria o corpo físico de Adão e assopra o espírito (corpo metafísico) já formado antes em seguida (Gn. 2:7). Em Jó 38:4 e Eclesiastes 12:7, existem indícios de que nós fomos criados primeiramente dentro do próprio Deus. O espírito nos conecta a Deus e através dele temos os nossos sentimentos e emoções, inclusive a nossa mente. O corpo físico é um receptor dele, pois é matéria. Já se perguntou por que o corpo humano só entra em decomposição após a morte? Quando Adão se torna alma vivente, um ser com consciência, o corpo físico dele o condicionou a viver na realidade física. O nosso corpo físico é um "veículo" ligado ao espírito, onde está a vida. Quando o espírito parte, a vida parte junto com ele.

[3] É válido destacar que o versículo 2 de Gênesis 1 afirma que a Terra existia, mas não tinha forma e era vazia, isto é, a geologia atual era inexistente e não existiam seres vivos. A Terra era certamente um globo coberto de água (Gn. 1:9–10), e tudo isso mostra que a criação foi um processo de gerar vida em uma dimensão que já existia (ver Bônus – Curiosidades: perguntas e respostas — Questão 6).

[4] A concepção de mundo que Moisés possuía não incluía o modelo global, embora a criação tivesse esse âmbito. O modelo global surgiu em 350 a.C. através de Aristóteles, mas somente muitos anos depois a tecnologia que temos hoje nos permitiu vislumbrar a Terra do espaço como um planeta. A concepção de mundo de Moisés se limitava aos territórios já conhecidos.

era sem forma e vazio, conforme Gênesis 1:2, e as vegetações surgem nos versículos 11 e 12 de Gênesis 1, sendo criadas no terceiro dia.

Dentro da realidade que ainda não havia experimentado a ruptura por causa do pecado podemos ver através do fato de Deus trazer os animais para Adão nomeá-los (Gn. 2:19) que ele assumiu o papel de responsável a que o Senhor o havia designado, conforme Gênesis 1:26–28. Joseph Fielding Smith, no tempo que era membro do Quórum dos Doze Apóstolos, postulou que ter domínio significa "ter" e "exercer" responsabilidade (ver *The way to perfection*, 6. ed., 1946, p. 221).

Além disso indica que no início existia uma coexistência perfeita entre os seres vivos e a humanidade, pois o homem foi criado também à semelhança de Deus no aspecto hierárquico, sendo um espelho de Deus nesse caso, assim como Deus é soberano sobre todas as coisas em seu reino metafísico e atemporal, isto é, no céu.

Por isso provavelmente não existia cadeia alimentar antes de ocorrer a grande separação por causa do pecado, pelos indícios de que existia uma coexistência perfeita, e também pelo fato do Senhor designar a erva verde para o sustento dos animais (Gn. 1:30).

Somente a partir de Gênesis 9 há o desígnio divino para a alimentação de origem animal, ou seja, nesse caso eles originalmente eram herbívoros, porque o início da cadeia alimentar certamente possui sua origem aqui.

O mundo como conhecemos hoje difere completamente da realidade original que ainda não havia conhecido o pecado. Mattheus Araújo escreveu, em seu livro *O que aprendi com Adão e Eva*, que todo o mal do mundo se deve a Satanás, que arrasta os homens para o pecado e separação de Deus (ver *O que aprendi Com Adão e Eva*, 1. ed., Clube de Autores, 2017, cap. 1, p. 9), o que faz sentido quanto a ele ter o papel de enganador e sedutor.

Na realidade, Satanás não estava incumbido de ser o responsável pelo zelo da ordem de Deus de não consumir o fruto proibido, mas Adão. O pecado entrou no mundo por causa desse único homem (Rm. 5:12), e não de Satanás, e a culpa passou para todos nós desde Adão, embora Satanás, no contexto de ter o papel de enganador e sedutor contra Deus desde a sua queda, tenha sido evidente antes mesmo da criação do homem.

No contexto dessa separação, identificada como uma ruptura ou quebra de pacto entre Deus e o homem, existem evidências bíblicas que podem confirmar que o Jardim do Éden tinha uma condição sobrenatural que não o limitava a ser somente um jardim físico:

1) A possibilidade do homem viver eternamente através da Árvore da Vida (Gn. 3:22, Ap. 22:2).

2) A condição de pecadores que herdamos (Gn. 3:6-7), e a subsistência garantida sem precisar correr atrás dela (Gn. 2:16, 3:17-19).

É percebível que o jardim estava em uma condição sobrenatural, mas que também englobava os requisitos da vida humana, pois estava na Terra. Quando Deus ordena a Adão não comer da árvore do conhecimento do bem e do mal é nitidamente correto afirmar que Ele zelava pela conexão que havia entre nós e Ele (Gn. 2:16-17), pois foi para isso que fomos criados.

Um fato interessante é que nesse caso o Senhor dá uma **ordem**[5], e não um pedido, o que demonstra o grande amor de Deus para conosco, que nos determinou em uma condição de sermos chamados de filhos, e um pai não deseja que o filho colha consequências negativas por causa de desobediência.

Adão tinha uma responsabilidade de ser obediente porque tudo foi colocado sob os seus cuidados, incluindo a sua mulher, toda a futura descendência humana e também o reino animal (Gn. 1:28, 3:17, Rm. 5:12).

A vida que seguia no reino animal indica que nela especificamente havia um contexto de multiplicação e proliferação, pois os animais estavam no estágio inicial de **proliferação**[6] na Terra (planeta) dentro da abrangência geográfica, por causa da ordem dada por Deus (Gn. 1:22).

Isso revela que o Senhor não criou as massivas populações de animais, mas sim as sementes, as espécies que gerariam outros indivíduos dentro de suas respectivas espécies e posteriormente explorando e se espalhando sobre a Terra.

A aliança do primeiro casal

Tudo começa quando o Senhor cria e determina em um âmbito espiritual o desígnio de união entre homem e mulher (Gn. 1:27-28). Primeiro

---

[5] Quando Adão desobedeceu, ele falhou no cumprimento da ordem recebida e por isso condenou toda a criação, a qual lhe foi atribuída para ser responsável. Essa falha exigiu um substituto infalível, que cumpriria a justiça dessa ordem, mas levando sobre si a condenação dela. Por isso Paulo afirma que Cristo é o segundo Adão, porque ele tomou para si o cumprimento da ordem, que exigiria a consequência da falha dessa ordem por causa da desobediência do primeiro Adão. É como se fosse um jogo num campo de futebol. O jogador comete falhas e é substituído, o substituto tem que arcar e procurar consertar as falhas cometidas por ele para que o time ganhe.

[6] Existe uma possibilidade ligada a esse fato que diz respeito à Pangeia. Se os continentes fossem divididos no início como é hoje, como migrariam pelo globo as espécies terrestres? A divisão da Pangeia ou de um supercontinente quando os animais estavam já espalhados possivelmente ocorreu (Gn. 10:25) (ver Bônus: Curiosidades: perguntas e respostas — Questões 1 e 2).

foi estabelecido tudo relacionado à aliança entre um homem e uma mulher ligado aos sentimentos e emoções específicos dessa união, e posteriormente o Senhor através do plano físico de gerar a forma física de Adão e Eva (Gn. 2:7, 21–22) possibilita o acesso deles à dimensão ou realidade física, onde o plano de uni-los seria executado (Gn. 2:18).

Como Deus já tinha determinado a união de Adão com Eva, Ele projetou em Adão um espaço que só podia ser preenchido por sua mulher, para levá-lo a um sentimento de realização, de complementação e de felicidade, que ele vislumbrou quando recebeu a sua companheira (Gn. 2:23–24).

A autora Wanda Assumpção, no seu livro ... *e os dois tornam-se um: mistério e ministério no casamento* (1. ed., Mundo Cristão, São Paulo, 2006, p. 2, parte 1: "Grande mistério do casamento"), diz que o homem não poderia cumprir sua tarefa de governar o mundo sem manter o vínculo com aquela que Deus criou para ajudá-lo, pois a mulher foi criada para ser uma adjutora, isto é, auxiliar ou dar suporte.

No que é tocante a ambos se tornarem uma só carne, representa o conceito original de casamento, com os dois **refletindo**[7] a imagem e semelhança de Deus, onde o homem e a mulher zelam pelo equilíbrio e igualdade para a subsistência da união conjugal, um colocando o outro acima de si mesmo (Ef. 5:22–25), e tendo a origem dessa união no propósito de Deus ligado à família (Gn. 1:28); por isso Jesus defende o casamento (Mt. 19:3–6).

Tudo que é concernente ao real sentido de casamento é originado e sustentado acima de tudo no Senhor, e não por meio do esforço humano. C. S. Lewis, autor de *Crônicas de Nárnia*, é citado no livro de JV de Miranda Leão Neto, *O milagre do livro "Milagres"* (1. ed., Clube de Autores, 2010, p. 242), afirmando que jamais devemos admitir **divórcio**[8], implicando um peso maior que as sentenças de divórcio jurídico, porque Deus une para não ocorrer uma separação, sendo ele agregador, casador, reunidor das almas. Já o inimigo é "o separador", aquele que desune as almas.

Assim como Jesus usou a figura de ser a videira e nós os ramos, significa que ele veio restaurar e instaurar em nós através de sua graça a

---

[7] O casal em si se tornando uma só carne compreende o sentido total e definitivo do reflexo da imagem e semelhança de Deus. Adão seria 50% dessa união e Eva os outros 50%, havendo através dos dois uma "autoconsciência" que interliga todos os sentimentos e desejos destinados à felicidade dos dois.

[8] O divórcio definitivamente não corresponde a nenhum dos propósitos que Deus estabeleceu para o homem. O Senhor criou o Homem e a Mulher para serem unidos pelo vínculo do casamento, e Lewis cita a separação através do divórcio em um nível espiritual, acima do contexto social e moral.

aliança original, que engloba o casamento em seu estado preestabelecido de uma forma que subsiste Nele, com somente um homem e uma mulher.

Adão externou verbalmente essa união de uma maneira determinante e que estivesse ligada às futuras gerações (Gn. 2:24), demonstrando que ele tinha **compreensão**[9] da multiplicação ligada a futuros indivíduos, mesmo sem ter atos ligados à reprodução.

É válido haver uma reflexão sobre o fato de Deus ter criado Adão e Eva já num estágio adulto. Um recém-nascido não vem à vida conhecendo a realidade e os processos que a identificam, ele não nasce com a maturidade e capacidade cognitiva dos pais resolvendo problemas, criando ideias e planejando metas para o futuro.

Logicamente que o início da vida na Terra deveria ser através de seres humanos já conscientes da realidade, servindo de modelo para os descendentes futuros, e dessa forma propagando a ordem de Deus para se multiplicarem e encherem a Terra, sendo o planeta nesse caso.

Existe um estudo científico publicado na *Nature* em 1987 chamado de "Eva mitocondrial", que de forma resumida se baseia na análise do DNA retirado das mitocôndrias, transmitido apenas pelo sexo e linhagem feminina. A geneticista Rebecca Cann e seus associados examinaram o DNA mitocondrial de 147 indivíduos de diferentes populações: África, Ásia, Europa, Austrália e Papua Nova Guiné.

Uma mulher que não tem filhos, ou apenas filhos homens, não terá seu DNA mitocondrial passado às gerações seguintes. Se ela tiver filhas, as filhas recebem o DNA mitocondrial da mãe e o passam adiante, e o estudo concluiu que a "Eva mitocondrial" é a nossa ancestral comum mais recente, e que todos os seres humanos atuais compartilham de seu DNA mitocondrial, sendo originária da África e tendo surgido há pelo menos 200.000 anos. Os evolucionistas chegaram a essa conclusão principalmente por meio de datação radiométrica.

A "Eva mitocondrial", portanto, foi tratada como sendo a matriarca da humanidade, cuja linhagem tinha pelo menos uma mulher em cada geração, isto é, filhas que geraram pelo menos uma filha, assim passando o DNA mitocondrial adiante.

---

[9] Essa compreensão estava entrelaçada no consciente de Adão porque estava de acordo com o desígnio dado por Deus ligado à reprodução, o que ilustra o plano de Deus estabelecido no conceito de família. Isso fazia parte de sua essência humana assim como faz parte da nossa.

Podemos dizer que essa é a Eva bíblica, porque, para haver uma massiva população como a de hoje, na casa dos 8 bilhões, teria que haver mulheres que cooperariam com a reprodução humana em cada uma das gerações seguintes, passando o DNA mitocondrial, ou poderia também ser alguma mulher da linhagem antediluviana.

Mas será que existiria base científica para afirmar que essa mulher, a ancestral comum mais recente dos seres humanos, teria vivido num tempo mais recente em relação aos 200.000 anos propostos pelos evolucionistas?

Um estudo feito pelos doutores Lawrence Loewe e Siegfried Sherer concluiu que, se for comparado o tempo necessário para que as pequenas variações genéticas passassem a fazer parte do material genético de um grupo de indivíduos tendo essas variações no DNA mitocondrial, a conclusão é que a "Eva mitocondrial" teria surgido entre 6.000–6.500 anos atrás, sendo possível talvez um tempo a mais.

As fontes evolucionistas sugerem que essa ancestral comum mais recente seria uma de outras "Evas", que compartilhavam do DNA mito-condrial. Nesse caso a "Eva mitocondrial" teria a linhagem que se estendeu até os dias de hoje, em detrimento das linhagens das outras "Evas", como sugerem os naturalistas.

Mas, se essas outras mulheres tivessem suas linhagens, a pesquisa mostraria que um grupo de pessoas veio de uma única ancestral, outro grupo viria de outra ancestral, e assim por diante. Nesse caso deveria haver no mínimo um resquício de uma outra ancestral em comum, mas os resultados mostram que viemos de uma única e mesma mulher.

Levando em conta essa única e mesma mulher, e o surgimento dela há 6.000–6.500 anos, podemos definir que se trata da Eva bíblica, já que seguindo toda a cronologia bíblica sem nenhum salto temporal se tem aproximadamente 6.000 anos. Mas também poderia ser, mesmo que em menor grau de possibilidade, uma mulher da linhagem antediluviana de Sete, que compartilhou o DNA mitocondrial com outras mulheres, já que todos os descendentes de Gênesis 5 tiveram filhos e filhas.

Como a genealogia de Caim foi extinta no dilúvio, como será visto no tópico "A nova realidade", no capítulo 2, o DNA mitocondrial dessa mulher teria se preservado nos descendentes da linhagem de Sete e se espalhado pelo mundo atual através das esposas dos três filhos de Noé, já que a Terra se repovoou através deles (Gn. 9:19). Nesse caso essa seria a linhagem que "deu certo" para a passagem do DNA mitocondrial.

Partindo para uma reflexão, uma mulher sozinha não poderia repassar o DNA mitocondrial, pois ela teria que ter um homem que permitiria junto dela a passagem dele adiante, nesse caso se um homem surgisse sozinho na natureza ele não poderia permitir o repasse porque não teria uma mulher, e isso se aplica da mesma forma a uma mulher.

Logo, ambos deveriam estar prontos e funcionais para a repassagem do DNA mitocondrial para as gerações seguintes. Isso favorece mais a Eva bíblica dentre essas duas possibilidades, já que o estudo apontou para uma única matriarca da humanidade.

De acordo com esses parâmetros abordados, a concepção da existência humana se originar de um casal já adulto faz todo o sentido, porque para haver uma multiplicação é preciso ter os "protótipos" já desenvolvidos, afinal como um bebê sobreviveria se ele fosse o primeiro humano?

Isso demonstra que também os animais estavam de acordo com esse modelo, pois a vida só seria possível aos seres vivos se as sementes de cada espécie estivessem num estágio adulto, e nesse caso a possibilidade de evolução de uma espécie para outra não faria sentido, porque dentro desse contexto se encontra o modelo de multiplicação que inclui a microevolução.

Portanto, a origem das espécies teria que permanecer intacta, do contrário a transmutação das espécies por causa de longos períodos de microevoluções inibiria a proliferação e preservação contínua de sua **gênese**[10], porque cada espécie geraria outros de sua espécie, tornando desnecessários extensos períodos que promoveriam uma macroevolução, de acordo com essa concepção (ver Bônus: Curiosidades: perguntas e respostas — Questão 10).

O primeiro casal foi criado num estado que inibia o sentimento do medo. O medo não fazia parte da convivência entre Deus e a humanidade projetada no início, pois ele foi resultado da desobediência de Adão, e ele foi o resultado da vergonha (Gn. 2:25, 3:8–10). Jordan B. Peterson cita em seu livro *12 regras para a vida: um antídoto para o caos* (1. ed., Alta Books, 2018, p. 50) que a nudez significa vulnerabilidade e ser facilmente ferido, que ela se condiciona ao julgamento pela beleza e saúde. Significa também estar desprotegido e desarmado na selva da realidade e do homem.

A ausência de vergonha era ligada ao contexto alheio aos reflexos externos, e isso demonstra que a presença de Deus "vestia" o primeiro

---

[10] A origem de cada espécie possuía um padrão genético inalterado porque englobava os primeiros seres de cada espécie. As adaptações dentro de cada espécie faziam e fazem parte da necessidade delas de se adaptarem em relação à sobrevivência, porque estão de acordo com o desígnio dado por Deus de proliferarem e explorarem a Terra.

casal de modo que eles eram imunes ao sentimento do medo, porque esse sentimento foi correlacionado à queda. Quando houve a falha do pecado original essa conexão foi quebrada e por isso Adão e Eva tentaram se cobrir, porque o sentimento de vergonha veio à tona e posteriormente o de medo, quando Deus os procura pelo jardim.

A aliança de Deus com o primeiro casal quebrava vários paradigmas presentes na nossa sociedade atual, cujas regras obviamente não estão em consenso com o plano de vida no início porque estão centralizadas naquilo que é moral, e o que é moral está intrínseco com os valores e conceitos que são certos de acordo com nossa condição humana, não quer dizer que ao todo estão errados, mas a fonte é diferente, por exemplo:

Não era pecado o homem e sua mulher estarem nus,[11] o conceito de casamento era entre um homem e uma mulher, não existiam outras religiões porque Deus claramente contatava os seres humanos (Gn. 2:15, 19, 21–22, 3:8).

Esses exemplos ilustram e corroboram o fato de que a essência ligada à realidade no início era pura, incorrupta, intacta e detinha os **elementos**[12] e diretrizes que originalmente e restritamente Deus havia aplicado à vida, onde a liberdade que inseria Adão e Eva inibia todas as consequências e prisões que o pecado pode gerar em nós.

Existe um mito de que a primeira mulher de Adão seria na verdade "Lilith", uma entidade demoníaca feminina adorada na antiga Babilônia e Mesopotâmia associada com ventos e tempestades. Ela aparece num contexto mitológico como uma figura mitológica judaica, através do Talmude hebraico do exílio da Babilônia (séc. V a III a.C.), o que faz sentido, já que os judeus que foram deportados nesse exílio (609 a.C.–587 a.C.) provavelmente tiveram alguma influência da cultura babilônica, que adoravam essa entidade e por isso a incluíram como figura mitológica nesse Talmude.

A inserção ou inferência da ideia de Lilith como suposta primeira esposa de Adão surge através de uma seita mística judaica na Idade Média, como tentativa de colocá-la antes de Eva. Alguns judeus midrashitas estudiosos que defendem essa ideia partem primeiramente de um pressuposto

---

[11] O Senhor criou o primeiro casal numa condição de pureza solidificada com a plenitude que o ser humano tinha no início, bloqueando o desejo corrompido de nudez presente na sociedade atual e fruto da queda. Posteriormente a nudez é e foi tratada como sinônimo de vergonha após a queda, e a perda desta inocência afetou a todos, sendo os filhos de Noé um exemplo disso (Gn. 9:20–23).

[12] O homem não corria atrás do sustento porque ele bebia dessa fonte (Gn. 2:16, 3:17). Deus criou o homem para ser eterno (Gn. 3:19, 22), não existia dor física (Gn. 3:16) nem certamente qualquer tipo de doença.

inexistente na Torá, onde postulam que seres pré-adâmicos existiam antes da narrativa da criação usando como base a terra "sem forma e vazia" citada no versículo 2 de Gênesis 1, que continha água e terra de acordo com o versículo 9.

Essa Terra, de acordo com essa ideia, seria a que Deus teria criado no versículo 1 e por isso a primeira mulher de Adão não poderia ser Eva, mas um outro ser pré-adâmico, porque ela viria depois, após Deus dar forma à Terra nos dias da criação.

O que amarra a concepção de que Lilith seria um ser dessa Terra está no versículo 23 de Gênesis 2, onde Adão afirma: "Esta é agora osso dos meus ossos, e carne da minha carne", ou seja, a ideia é que Eva seria agora a mulher ideal para Adão, porque Lilith seria a esposa anterior com a qual não teria dado certo a união com Adão.

Entrando na desmistificação dessa ideia temos os seguintes pontos:

1) O primeiro ponto é que ela já parte de uma inferência ao texto original numa tentativa de inserir Lilith como a primeira mulher de Adão através de uma seita judaica mística da Idade Média, sendo criada ao mesmo tempo e da mesma forma que ele. A base para isso seria a passagem de Gênesis 1:27: *"Criou, pois, Deus o homem à sua imagem; à imagem de Deus o criou; homem e mulher os criou".*

A questão é que a criação do ser humano aqui está dentro da narrativa dos dias da criação, pois o ser humano e os animais terrestres foram criados no sexto dia. Adão foi criado a partir daqui, e no capítulo 2 temos detalhes adicionais de sua criação, como citado no primeiro tópico deste capítulo, ou seja, o capítulo 1 e 2 de Gênesis está falando da mesma criação, e não de criações distintas.

Isso se deve ao contexto cultural de como Moisés tratou a narrativa da criação, pois esse era um modelo cultural para fazer associações no contexto da época, como analisam e definem estudiosos, portanto os capítulos 1 e 2 não estão falando de duas criações. Sendo assim, quando Eva é criada em Gênesis 2:21–22, ela complementa o homem criado antes, porque agora os dois se tornarão uma só carne, conforme o versículo 24.

Isso revela que em Gênesis 1:27 é citada a criação do homem e da mulher num sentido de humanidade, onde os dois foram projetados para serem imagem e semelhança de Deus, como citado também no primeiro tópico deste capítulo, e a criação da mulher no capítulo 2 revela o que já tinha sido declarado em Gênesis 1:27.

Como a criação do homem no sexto dia é citada duas vezes, em Gênesis 1:27 e Gênesis 2:7, nesse caso Lilith deveria ter sido citada também junto a Adão, o que não consta em Gênesis 1 e 2, mas há apenas a confirmação da criação de Eva nos versículos 21 e 22 do segundo capítulo.

2) A concepção de Lilith como uma entidade pré-adâmica parte de um pressuposto anterior à narrativa da criação que não existe na Torá, porque ela não procura tratar da terra sem forma e vazia, mas do processo de criação que a preencheu, e por isso não deve ser tratada como verídica a ideia de Eva ser a segunda mulher, através do versículo 23 de Gênesis 2, quando Adão diz que: "Esta é agora osso dos meus ossos, e carne da minha carne".

De acordo com os últimos dois parâmetros abordados, é possível ver os malabarismos para a inserção de Lilith no texto original, usando-se bases inexistentes, como seres pré-adâmicos, para formatar uma passagem que já possui base, base essa que já existia muito antes da Idade Média através de Moisés, o referido autor de Gênesis.

As escrituras são claras ao definirem Eva como a única e legítima mulher de Adão, considerando que os autores originais escreveram os rascunhos ou autógrafos baseados em inspiração divina ou plano transcendental.

Quando Adão diz "Esta é agora osso dos meus ossos, e carne da minha carne", deve ser considerado que ele foi criado sozinho e depois Eva é criada e levada a ele pelo próprio Deus (Gn. 2:18, 20–22), ou seja, ele contempla agora a sua companheira.

Além disso o versículo 1 de Gênesis 1, que diz: "No princípio criou Deus os céus e a terra", parece se tratar de um resumo relativo aos dias da criação, porque a ideia de "criar" está dentro desse contexto, sendo sustentada por versículos subsequentes à narrativa da criação, em Gênesis 2:1–5. Isso significa que em Gênesis 1:1 está havendo a declaração da totalidade da criação a partir de Deus.

A consequência da ambição

Como no início tudo era perfeito e detinha uma coexistência que dava sentido ao plano de criação divino, significa que nesse estado inalterado não havia a presença do mal, representada pelo pecado e pelo adversário da raça humana, o diabo. Deus nos criou originalmente numa condição de estarmos conectados a Ele em nosso espírito de uma forma que bloqueava o controle do pecado sobre nós e do nosso inimigo. Nessa conexão havia o contexto original de família, citado por Robson Soares no seu livro *Família, um bem de Deus* (1. ed., Clube de Autores, 2017, p. 11), servindo de base estrutural na época.

O diabo não iria simplesmente aceitar aquela realidade, porque ele nos odeia, e esse ódio é porque fomos criados à imagem e semelhança de Deus (1 Pe. 5:8, Jo. 10:10). A Terra ainda não havia perdido o **domínio**[13] das mãos de Adão, em decorrência da queda, o que blindava a manifestação de Satanás (Gn. 1:28, Lc. 4:5–6).

Quando Eva foi indagada por ele através de uma serpente (Gn. 3:1), mostrou-se a eficácia da barreira que Deus instituiu entre ele e o nosso mundo físico, porque ele não se materializou, mas se apossou do corpo físico de uma serpente para isso (ver Bônus: Curiosidades: perguntas e respostas — Questão 5); só anjos se materializam espontaneamente (Gn. 16:7–10, 19:1–22) (ver capítulo 4: "A distorção causada pelo pecado").

Eva foi atraída por uma mentira, porque Satanás queria induzir em sua mente que Deus usou a "desculpa" de morte imediata para Ele mesmo se promover como alguém tirânico e autoritário (Gn. 3:4–5), mas Deus se referiu a morte como uma separação, primeiramente espiritual e consequentemente **física**[14] (Gn. 3:9–10, 19, Rm 5:12).

Ela foi seduzida e cultivou um sentimento ambicioso de ser igual a Deus (Gn. 3:6), e esse era exatamente o plano de Satanás, porque ele sabia que através dela seria mais fácil projetar em Adão esse sentimento e enganá-lo (Gn. 3:17, 1 Tm. 2:13–14), para posteriormente ele pecar e levar toda a raça humana para uma ruptura com o Criador, seguindo os mesmos passos de Lúcifer na grande rebelião no céu.

Adão era o alvo de Satanás, não Eva, porque a responsabilidade sobre sua mulher, sobre os descendentes de que ele tinha consciência, e sobre toda a realidade da criação estava sobre ele, e ele sabia que a queda viria exclusivamente através dele, porque, quando Adão tomou do fruto e comeu, sua companheira já havia comido (Gn. 3:6–7), e após isso houve a quebra da conexão com Deus.

---

[13] Esse domínio foi dado por Deus relativo a toda a criação, pois Deus criou o homem também à sua imagem de soberano. Quando Adão pecou, esse domínio passou infelizmente para as mãos de Satanás, por isso ele diz para Jesus quando o tentou que "lhe foi dado" esse domínio, exemplificando todos os reinos do mundo (Lc. 4:5–6). Mas não foi dado a ele porque ele enganou o primeiro casal, e isso prova que no início ele não tinha a condição de "príncipe deste mundo" (Jó 12:31). Quando Jesus cumpriu a justiça na Cruz do Calvário, ele tomou de volta esse domínio (Mt. 28:18).

[14] A morte física foi a reação da morte espiritual porque Deus criou o homem para ser eterno. A morte espiritual ocorreu na nossa conexão com Deus através do nosso espírito, por isso morte espiritual, e a condição do homem ser eterno foi perdida.

Quando Adão pecou significa que ele se rebelou intencionalmente contra a ordem de Deus, porque ao invés de corrigir sua mulher ele deu ouvidos a ela, o que significa que ela o influenciou a desejar ser igual a Deus através do conhecimento do fruto proibido, quebrando a ordem dada por Deus e resultando numa falha que iria cair sobre os ombros de um Salvador (Gn. 3:15).

O diabo queria reviver o mesmo episódio quando ele ainda era imagem de Deus, nesse caso usando a ambição de Adão e Eva, para assim promover uma espécie de rebeldia neles e colocar ambos e toda a humanidade numa posição de condenados, como ele, mas com certeza ainda lhe era oculto o anúncio de um Salvador que já havia sido determinado (Ap. 3:8).

Jorge Rodrigues diz, no seu livro *A queda do homem (A criação de Deus — Volume 2)*, que o engano em Eva foi imperceptível por ela, e que esse foi o sucesso de Satanás no engano, porque quem engana sem ser notado não terá limites em distorcer a verdade (1. ed., Clube de Autores, 2013, p. 12).

Em Gênesis 3:15 o descendente, que é Cristo, foi anunciado por Deus dentro de uma condição concernente à descendência de Adão, especificamente quando há o anúncio de que a mulher, nesse caso fazendo uma alusão a Cristo, **feriria a cabeça da serpente**,[15] como entende o consenso teológico contemporâneo. Aqui há uma distinção clara entre duas descendências.

O Senhor é enfático ao dizer que colocaria inimizade entre a descendência da serpente e da mulher; como serpente aqui se refere simbolicamente a Satanás e temos a outra descendência referente à mulher pela qual viria o Messias, isso quer dizer que as descendências seriam separadas por Deus em suas genealogias, onde uma cultuaria e obedeceria ao Senhor através do tempo, e a outra, que é a descendência de Satanás, mergulharia nas mais diversas práticas pecaminosas rebelando-se contra Deus (ver esquema "Genealogia de Sete e Caim" no capítulo 2: "A nova realidade").

Como futuramente várias nações antediluvianas cairiam de cabeça na idolatria e em práticas pecaminosas, era concernente haver um resquício de luz ligado à vinda do Messias, por isso Deus determinou uma inimizade entre as duas descendências, que nesse caso significa uma separação, e isso

---

[15] Quando há a afirmação de que Eva feriria a cabeça da serpente, há a confirmação simbólica de um acontecimento futuro na Cruz do Calvário. Deus anuncia o chamado pelos teólogos de proto-evangelho, e de uma forma simbólica, caracterizando o futuro descendente da mulher que é Cristo ferindo a cabeça da serpente, que é Satanás, falando sobre a vitória de Cristo sobre ele na cruz, onde Satanás sofreu sua derrota definitiva, ou seja, tendo a sua cabeça esmagada. A serpente ferindo o calcanhar da mulher simbolicamente significa o preço que Jesus pagaria na cruz por nós, onde o mesmo pé que esmagaria também sofreria um dano, por causa da picada da serpente.

"permitiu" ao Senhor uma intervenção em prol do nascimento de Cristo desde o começo da história humana, existindo indícios para essa afirmação:

Quando Eva recebe Sete como seu filho no lugar de Caim e na descendência adâmica, possibilitando Caim **gerar**[16] a sua genealogia ímpia (Gn. 4:25, Lc. 3:23–38), através da **eleição**[17] de Israel dentre as nações como seu povo, apontando e moldando o caminho para o Messias (Dt. 18:15, Rm. 4:1–3, 13, 19–21, 5:1–2), na escolha de Deus de separar uma mulher justa e compromissada com Ele para ser a mãe do Messias, que foi Maria (Lc. 1:26–56).

As duas descendências se apresentam nesse caso como a descendência dos justos, que é a de Adão, ou de Sete, ou da mulher (Eva), e a descendência dos ímpios, que é a de Satanás, ou de Caim. De acordo com o Zohar 1:36b, coleção de comentários místicos sobre a Torá, Sete é pai de todas as gerações dos Tzaddikim, ou descendência de justos.

Deus colocou uma inimizade entre essas descendências no tocante a um contexto espiritual, e isso mostra que o Senhor já estava moldando a realidade para o surgimento do Salvador, a começar na preparação da genealogia adâmica, de onde nasceria Sem, o filho mais velho de Noé, que futuramente geraria o povo hebreu (Gn. 11:10–26).

Sem teve uma derivação do seu nome, "Semita", e essa derivação passou a identificar um conjunto de povos que possuem traços culturais e históricos comuns, no Oriente Médio, caracterizando-se por habitarem ambientes de clima seco e promoverem práticas do pastoreio e nomadismo. Esses povos envolvem os arameus, assírios, babilônios, sírios, hebreus, fenícios e caldeus.

Através da aliança do Senhor com Israel, começando com Abraão (Gn. 15:1–6, 22:1–2, 9–12) e prefigurando o Messias, haveria no povo uma educação e moldagem mediante as leis dadas por Moisés, e dessa forma ficaria mais nítido o norteamento para Cristo em relação ao seu sacrifício, porque a impossibilidade de justificação através das leis ficaria clara, porque elas serviriam de caminho para a verdadeira justificação através

---

[16] Como Caim gerou a sua descendência se Gênesis 4:1–16 não afirma que ele tinha uma irmã? A probabilidade é que a partir do versículo 16 tenha ocorrido um salto no tempo, onde ele estava habitando na terra de Node ao oriente da região do Éden, e tinha tomado como mulher uma filha de Adão em um reencontro, já que a Bíblia afirma que ele teve filhos e filhas (Gn. 5:4). Essa ideia está de acordo com várias tradições abraâmicas.

[17] Deus chama Abraão para ser o patriarca do povo de Israel tirando ele de Harã, na atual Turquia, onde vivia com seu pai e seus familiares depois de migrarem de Ur dos Caldeus com destino a Canaã (Gn. 11:31–32, 12:1–4). Isso prova a separação de Israel de outros povos, pois Ur era a maior cidade da Mesopotâmia e um centro religioso, com o Zigurate, famoso templo do deus Nana.

d'Ele (Rm. 3:19–25). As leis teriam o seu sentido completo por meio dele, não seriam anuladas, mas só por meio dele haveria o cumprimento delas, sendo ele perfeito (Mt. 5:17–18), e esse cumprimento nos trouxe a graça e a justificação que as leis não podem trazer (Rm. 8:1–4) dando ao pecador uma vida debaixo da lei da graça (Rm. 8:8–11).

Todo esse processo através das épocas e eras moldado pelo Senhor foi resultado da consequência da ambição de querer ser igual a Deus. Isso prova que a queda não colocou um ponto final na realidade, mas deu a ela a condição de receber uma interferência divina através do **Chronos**,[18] revelando o plano de salvação que restituiria a aliança original perdida através desse plano já predeterminado, e atribuindo a esse plano uma absoluta solidificação ligada ao seu cumprimento, através de um **altíssimo preço**[19] que deveria ser pago e foi por meio de Jesus Cristo.

Esse preço se tornou uma dívida que não tínhamos a condição de pagar por causa da falha de Adão à ordem de Deus, culminando na redenção somente possível se houvesse a aceitação da consequência dessa falha (Mt. 26:36–39).

A queda teve seu epicentro na coroa da criação, que é o ser humano, feito à imagem e semelhança do Altíssimo, possuindo por isso uma imagem também hierárquica ligada a um rei. Jesus fala indiretamente sobre essa condição que recebemos, referente a deuses, quando Ele se refere a autoridades ungidas por Deus (Jo. 10:34–36, Sl. 82:1–6, Ex. 7:1), e isso mostra que a queda se configurou na realidade tendo o homem como o centro, porque está de acordo com a posição de domínio que recebemos (Gn. 1:26, 28).

A grande ruptura desconfigurou todos os níveis divisores da realidade de uma forma que a criação espera pela regeneração de todo o universo através do sacrifício de Cristo, em uma redenção física (Rm. 8:18–23).

A consequência da ambição atingiu o ser humano em suas três dimensões: o espírito, a alma e o corpo físico. O espírito representa a parcela de Deus

---

[18] A Vinda de Cristo à Terra afetou até mesmo o tempo cronológico, porque a predeterminação de sua vinda antes do início de tudo, somada à interferência de Deus na história humana para a realização do plano de salvação, possibilitou o Tempo ser dividido em períodos "antes de Cristo e "depois de Cristo".

[19] Esse preço é correspondente ao valor que Ele pagou por nós, aceitando as consequências da ordem de Deus que Adão não cumpriu condenando toda a humanidade, para nos levar à redenção. Cristo carregou todos os pecados da humanidade relativos ao passado, presente e futuro, cumprindo a ordem e justiça que Adão não cumpriu, por isso Paulo o chama de "segundo Adão"(1 Co. 15:45–49). Para isso Jesus sofreu dores além de nossa compreensão culminando na crucificação, um exemplo disso é que somente a revelação do seu sofrimento o fez suar gotas de sangue (Lc. 22:39–44). Esse fenômeno é chamado de Hematidrose, causado por uma profunda emoção ligada a aflição e medo.

que temos em nosso ser, pois nos conecta a Ele (Ec. 12:7, Ap. 4:1–2), a alma compreende a nossa consciência, que está ligada à conexão com a realidade em nossas emoções e sentimentos, e o corpo que temos é a nossa condição física.

A morte espiritual revela a nossa condição de pecadores, pois foi quebrada no início a conexão ou aliança, e decorrente disso nascemos em pecado com tendências a sentimentos e emoções corrompidas (Rm. 3:9–18), e a última morte é a morte física, resultado direto da queda (Gn. 3:19). Todas essas consequências representam a separação de Deus, que é sinônimo de morte (Rm. 5:12–14), pois houve uma ruptura com o Criador e Pai.

Muitos podem entender que Deus ficou irado com essa ruptura e por isso expulsou Adão e Eva do jardim, mas a história foi completamente diferente. Ele os expulsou porque é misericordioso, e isso é provado quando Ele os impede de comer do fruto da árvore da vida, que daria a eles a vida eterna (Gn. 3:22–23). Deus aqui já sinalizou diretamente para a salvação, porque a libertação do pecado para a vida eterna só viria futuramente com Cristo, não com aquele **fruto**[20].

Isso prova que se Adão comesse do fruto da árvore da vida, já na condição de pecador, teríamos a nossa **condenação**[21] selada, porque herdamos a condenação após a desobediência de Adão. Mario Persona, escritor de livros da coleção *O que respondi... às pessoas que me perguntaram sobre a Bíblia*, defende essa colocação acrescentando que, como Deus não proibiu o primeiro casal ao acesso à Árvore da Vida (Gn. 2:16–17, 3:6), essa opção deveria ser abraçada por eles (ver: https://www.respondi.com.br/2012/01/por-que-deus-proibiu-comer-da-arvore-da.html?m=1).

Um outro sinal de Deus que apontava para Cristo, como definem estudiosos da Bíblia, foi quando Ele mesmo vestiu Adão e Eva (Gn. 3:21), através de sacrifícios de animais, e o mais interessante é que eles já estavam cobertos (Gn. 3:7). A vergonha da nudez e o medo tomaram conta deles e o gesto de cobri-los representou ali momentaneamente a misericórdia de Deus.

---

[20] Esse fruto é citado no livro de Apocalipse 22:1–3, 18–19. Lá tem a confirmação de que esse fruto foi criado para o homem desfrutar de seu efeito, e isso também prova que no início Adão desfrutaria desse fruto, mas ele desobedeceu e alastrou a morte física para toda a humanidade. A Árvore da Vida representava Jesus, e a do conhecimento do bem e do mal, Satanás, como entendem certos teólogos. Ambas ficavam no meio do jardim (Gn. 2:9, 3:3).

[21] Em nossa condenação está envolvido o fruto do conhecimento do bem e do mal. Se Adão não falhasse na prova, provavelmente esse fruto seria disponibilizado para consumo após receber a vida eterna pelo fruto da Árvore da Vida. O conhecimento gerado por ele se refere à consciência daquilo que é pecado (Gn. 3:22). Como Adão falhou, a nossa natureza foi corrompida pelo conhecimento dele, e por causa disso todos nascem inclinados ao pecado e para pecar.

Aquelas vestes não seriam suficientes para libertá-los da queda, mas ao mesmo tempo foi o suficiente para dizer que a vergonha do pecado só seria tirada através das vestes da salvação em Cristo, representado pelo animal, ou pelos animais, que Deus matou, porque o pecado em um contexto espiritual representa vergonha e nudez, isto é, impossibilidade de justificação (Ap. 3:14–17).

Capítulo 2

A VIDA APÓS A QUEDA

A nova realidade

O Senhor não cessou seu relacionamento com a humanidade após a queda de uma forma definitiva, como será visto adiante neste tópico. Isso corrobora o fato d'Ele criar o homem para se relacionar com Ele. Provavelmente Adão e Eva sofreram muito após a saída do Éden, pois aquela "perfeição" não seria possível mais ser deleitada. De acordo com o apócrifo *Primeiro livro de Adão e Eva*, ao saírem do jardim eles receberam a ordem de habitar numa caverna, que foi chamada de "A caverna dos tesouros".

O livro conta que eles sofreram muito no primeiro ano após a saída do jardim, que eles tentaram suicídios e voltar ao paraíso, que se arrependeram amargamente alcançando perdão, mas não o suficiente para se redimirem, porque Deus os consolava com a promessa de um redentor que nasceria na semente humana, e que Satanás tentava matá-los e os enganava se transformando em anjo de luz, dizendo ser um "mensageiro celestial". O Apóstolo Paulo dá respaldo para essa possibilidade (2 Co. 11:14).

A nova realidade se configurava naquilo que temos como concepção de mundo hoje, no que envolve a **luta pela sobrevivência e o mal**[22], o pecado. Adão teve relações com sua mulher, depois da queda, e Eva deu à luz dois filhos: Caim e Abel. Os dois tomaram rumos profissionais diferentes concernentes ao aspecto e contexto de sobrevivência: Caim era agricultor, ou seja, tomou diretamente a profissão do pai, e Abel era pastor de rebanho de ovelhas (Gn. 4:1–2).

Essas duas profissões foram os protótipos da história humana ligados à sobrevivência, e um reflexo disso é que se contextualizaram e desenvolveram-se historicamente na antiga **Mesopotâmia**[23], onde surgiram as primeiras

---

[22] No mundo moderno de hoje o capitalismo reina em meio à sociedade. Isso configura a corrida para ter o salário em mãos e simultaneamente reflete a corrupção humana em vários contextos no padrão do mundo moderno.

[23] A Mesopotâmia foi praticamente o berço da civilização humana. Nela está incluída a invenção da roda, a plantação das primeiras culturas cerealíferas e o desenvolvimento da escrita cursiva, da matemática, da astronomia e da agricultura. A Suméria, região do sul da Mesopotâmia, era habitada pelos sumérios, o povo mais antigo dessa região e uma das primeiras civilizações do mundo. Os sumérios inventaram a mais antiga forma de escrita: a escrita cuneiforme, em 3200 a.C.

civilizações por volta do VI milênio a.C., servindo de modelo para povos da antiguidade antes e depois do Dilúvio, conforme a cronologia a seguir:

Cronologia dos principais eventos

- 6.000–5.000 a.C.

    ○ Invenção do arado.

- 5.000 a.C.

    ○ Primeiras aldeias.

    ○ Cultivo de cereais.

    ○ Cerâmica.

- 3.000 a.C.

    ○ Idade do Bronze.

    ○ Civilização suméria.

    ○ Primeiras cidades.

    ○ Foram criados a escrita e o sistema de numeração.

- 2.500 a.C.

    ○ Sargão da Acádia unifica a Mesopotâmia.

- 2.000 a.C.

    ○ Primeira civilização assíria.

    ○ Invasão dos hititas.

- 1.900–1.200 a.C.

    ○ Império Paleobabilônico.

    ○ Reino de Hamurabi.

    ○ Código de Hamurabi.

- 1.290 a.C.

  - Êxodo hebreu do Egito (Moisés).

- 1.200 a.C.

  - Fim do reino babilônico e dominação assíria na Mesopotâmia.

- 1.100 a.C.

  - Destruição do Império Hitita.

  - Nabucodonosor II da Babilônia unifica o reino.

  - Segundo Império Babilônico.

  - Nasce o reino de Israel.

- 700 a.C.

  - Reino dos medos.

- 600 a.C.

  - Na Babilônia: Reino de Nabucodonosor II.

- 550–331 a.C.

  - Ciro, o Grande, conquista Ecbátana, capital dos medos, e a Babilônia.

  - Início do reinado persa.

- 331 a.C.

  - Alexandre Magno derrota os persas na Batalha de Gaugamela e conquista a Mesopotâmia.

Disponível em: https://pt.wikipedia.org/wiki/Mesopot%C3%A2mia

Possivelmente no território da Mesopotâmia, que significa "terra entre dois rios", Tigres e Eufrates, ou perto dele, ficava a localização do Jardim do Éden. Vale lembrar que Éden era uma região que se situava ao

Oriente (Gn. 2:8), e esse Oriente provavelmente se aplica na perspectiva do observador ou de algum território já mapeado, conforme a autoria dessa revelação por meio de Moisés.

Há uma possível indicação de que ele esteja se referindo à direção da terra de Canaã, situando-se ao oriente do Egito de onde saíram e de sua peregrinação. Levando em consideração também que a Mesopotâmia ficava no atual Oriente Médio e sua maior parte entre dois rios antediluvianos que saíam do Jardim, tudo indica que por um viés especulativo o Jardim do Éden se situava na ou perto da Mesopotâmia, sendo impossível definir sua localização.

Podemos conceber que os primeiros passos de Adão com os seus filhos, Caim e Abel, encontraram um endereço de vulnerabilidade a ações ligadas ao mundo moderno de hoje. A tecnologia era absolutamente distinta da atual, as construções eram isentas dos elementos modernos que as compõem hoje, o trabalho era feito à mão ou com o auxílio de instrumentos, e tudo isso mostra a configuração que tinha a realidade naquele tempo.

Tudo no contexto de desenvolvimento de atividades econômicas e sociais estava num estágio ainda primitivo. Especificamente na genealogia de Caim encontramos exemplos dessas atividades ainda no processo de **implementação**[24] na história: através do ancestral dos que habitam em tendas e possuem gado (Gn. 4:20), através do ancestral de todos os que tocam harpa e flauta (Gn. 4:21), e por meio daquele que criou as primeiras concepções de instrumentos cortantes de cobre e de ferro (Gn. 4:22). Segue o esquema da genealogia de Caim e Sete:

---

[24] As concepções culturais e trabalhistas do mundo pré-diluviano ganharam endereço posteriormente no mundo pós-diluviano. Jabal, filho de Ada, descendente de Caim, foi o primeiro a aderir à vida seminômade de morar em tendas e possuir gado, e posteriormente na época pós-diluviana temos o exemplo claro de Abraão, que aderiu a esse estilo de vida. Jubal, irmão de Jabal, foi o precursor direto da concepção musical através da harpa e da flauta, e curiosamente a origem da harpa provavelmente está atribuída ao tanger da corda do arco do caçador, e elas têm ilustrações preservadas que remontam ao Oriente Médio e Egito por volta de 3000 a.C. Em torno de 2000 a.C. é acreditado pela História que existiram os primeiros ferreiros. Tubal-Caim, filho de Zilá, foi o primeiro de toda a história, e teve o reflexo de seu trabalho nas gerações pós-diluvianas.

A ALIANÇA PRÉ-DILUVIANA:
A IMPLICAÇÃO DO RELACIONAMENTO DE DEUS COM OS PRIMEIROS HUMANOS

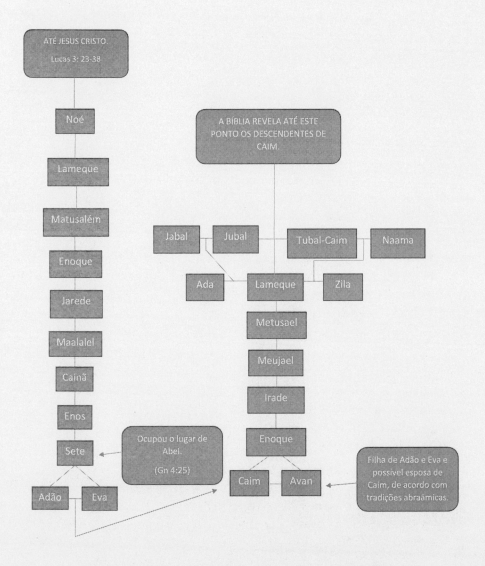

- A genealogia de Caim existiu paralelamente à de Sete.
- Adão é o tronco de duas genealogias distintas: a de Sete e a de Caim.
- A genealogia de Caim foi extinta no Dilúvio.
- Sete ocupou o lugar de Abel na descendência adâmica (Gn. 4:25).
- Possivelmente Caim teve sua árvore genealógica mais estendida.

- Provavelmente cada descendente da linhagem de Caim gerou outros filhos e filhas, como os da linhagem de Adão.

- A partir de Gênesis 6:1 temos a extensão da multiplicação humana, e também da maldade no versículo 5. Essa proliferação de maldade indubitavelmente se devia como um todo à descendência de Caim, pelo fato da descendência de Adão, na ramificação de Sete, guardar a obediência a Deus.

É perceptível a aproximação de Deus para com os primeiros filhos do casal, quando eles apresentam suas ofertas e Ele reage após eles as oferecerem (Gn. 4:3–5), o que indica que com Adão também havia essa conexão, pois Deus não iria limitar isso somente aos filhos dele.

Para Caim e Abel ofertarem, seria necessário um elemento externo a eles; eles não nasceriam automaticamente prontos para isso. No livro de Juízes 2:10 há uma confirmação muito clara nesse contexto: *"E foi também congregada toda aquela geração a seus pais, e após ela levantou-se outra geração que não conhecia ao SENHOR, nem tampouco a obra que ele fizera a Israel"*.

Por que a geração posterior de israelitas não conhecia o Senhor? Porque a passagem verbal dos feitos de Deus no Egito e no deserto não foi aplicada nos filhos da próxima geração, por isso ela não conheceu o Deus verdadeiro. Tudo isso exemplifica que as ofertas "primordiais" e a aproximação do Senhor foram ocasionadas primeiramente com Adão, e ele passou esse conhecimento para a futura descendência.

Outros justos da linhagem adâmica comprovam essa aproximação de Deus num contexto primordial: quando Eva **glorifica**[25] a Deus pelo nascimento de Sete (Gn. 4:25), quando começam a invocar o nome do Senhor na época do nascimento de Enos (Gn. 4:26), quando Lameque **gera**[26] a Noé e possivelmente afirma uma redenção (Gn. 5:29) e quando Noé edifica um altar e oferece sacrifícios após o Dilúvio (Gn. 8:20).

---

[25] É notável que Eva tinha consciência da implicação ligada à futura descendência através de seu filho Sete. Ele ocupa a lacuna deixada por Abel na descendência de seu pai no momento em que foi concebido, e sua mãe, glorificou a Deus porque agora ela teria um filho, e também alguém que daria continuidade à semente adâmica que cultuaria o Deus verdadeiro.

[26] Em Gênesis 5:29 Lameque declara que Noé seria aquele que consolaria ou livraria sua descendência dos trabalhos de suas mãos, da busca pela sobrevivência, que é o resultado da terra que o Senhor amaldiçoou, isto é, a consequência da queda em Gênesis 3:17–19. Parece verdade dizer que o relato das maravilhas que havia no jardim, a ruptura do homem com esse jardim e a redenção limitada à promessa de um salvador foi passando de geração em geração, e por causa disso Lameque pensou que Noé seria o Messias.

Deus obviamente através desses indícios manteria um vínculo específico com a linhagem adâmica pré-diluviana, especialmente porque era através dela que futuramente viria o Messias. O Senhor se comunicava com essa descendência, e em destaque especial temos Enoque, "O homem que andava com Deus" (Gn. 5:22–24).

Esse "andar" pode sugerir profundo relacionamento e afeto que Enoque tinha com o Senhor, e essa aproximação demonstra o nível de zelo que Deus tinha com os primeiros seres humanos da linhagem adâmica, conhecida por ser uma descendência de justos.

A concepção de ofertar

Quando olhamos para todas as leis dadas por intermédio de Moisés, o que se inicia a partir de Êxodo 20, nos deparamos posteriormente com uma organização sistematizada de **sacrifícios**[27] e ofertas. Mas a concepção, o conceito, a origem específica das ofertas e sacrifícios já existia ainda no mundo pré-diluviano. Um exemplo direto é quando Caim e Abel apresentam suas ofertas ao Senhor (Gn. 4:3–4). O ato que corresponde a eles oferecerem significa que eles já tinham em suas consciências a concepção e a implicação desse ato, por isso certamente eles foram educados por seus pais, que já tinham essa "bagagem".

Deus aceita a oferta de Abel e rejeita a de Caim, mas por que rejeitou a de Caim? Existem diferentes explicações para isso. A primeira é que a oferta de Caim não agradou a Deus porque os sacrifícios deveriam ter derramamento de sangue, fazendo um paralelo com o fato de Adão e Eva tentarem se cobrir com folhas por causa do pecado original, e Deus matando um animal para os cobrir.

A segunda é que a oferta, ou sacrifício, de Abel foi oferecido com fé, ligando com a passagem bíblica de Hebreus 11:4: "pela fé, Abel ofereceu a

---

[27] Todos os sacrifícios organizados pelas leis de uma forma geral funcionavam como uma espécie de troca, onde o animal sacrificado era imolado porque a culpa da pessoa que pecou passou para ele, e esta era perdoada. A impressão que aparentemente pode ser passada é a de que Deus desconsiderava os animais, mas aqui entra a implicação do pecado original, que é a de que ninguém poderia se justificar diante de Deus, porque a falha de Adão foi carregada para toda a humanidade, e todos nesse caso se tornaram culpados, condicionando o perdão dessa culpa a alguém fora da linhagem humana, que deveria se encarnar para pagar o preço de nossa culpa, e esse alguém foi Jesus Cristo. Os sacrifícios determinados pelas leis produziam o perdão momentâneo para os transgressores, e ao mesmo tempo apontavam para o verdadeiro e grande sacrifício na Cruz do Calvário, que quebraria a nossa condição de pecadores e tornaria daí em diante os sacrifícios pelas leis algo agora desnecessário. A implicação do sangue no sacrifício consolidava o sinal da vida oferecida, porque é no sangue que está a vida, conforme Gênesis 9:4.

Deus um sacrifício verdadeiro comparado ao de Caim. Pela fé, ele foi reconhecido como justo, quando Deus aprovou as suas ofertas". Isso corrobora o fato de que o sacrifício de Abel foi genuíno em sua implicação.

A terceira hipótese, é que o sacrifício de Caim não teria um ensinamento profético, enquanto que o de Abel apontava diretamente para a profecia do Messias que traria a redenção, sacrificando-se para dar a salvação à humanidade.

Paulo de Tarso, pastor e mestre em Teologia, diz que Caim deu sua oferta por dar, isto é, foi apenas para cumprir um protocolo, e nesse caso o coração de Caim estava distante de Deus. Ele aborda a passagem de Colossenses 3:23, que diz que de tudo que fizermos devemos fazer de todo coração, porque é para o próprio Deus que fazemos acima de tudo, e foi aí que Caim pisou na bola.

Através dessas abordagens podemos estabelecer um paralelo com a reação de Caim após a rejeição. Diz a Bíblia que ele ficou rancoroso e "fechou a cara", e o próprio Deus questiona sua reação e devoção ao ofertar (Gn. 4:6–7). É óbvio que o coração de Caim não estava totalmente devoto ao Senhor; ao contrário de Abel, que procurou agradar a Deus, e vemos isso na devoção do seu sacrifício quando ele oferece os elementos dos primogênitos de suas ovelhas.

Caim não procurou agradar a Deus, ou seja, não procurou fazer o melhor, como seu irmão, e por isso teve sua oferta rejeitada, possibilitando ter inveja e ódio do seu irmão (Gn. 4:8), o que ilustra mais ainda o sentimento negativo por trás do seu ato de ofertar. Abel ofereceu um sacrifício que faz uma alusão à morte de Cristo, relacionada à aceitação e ao agrado que foi proporcionado por Deus.

Na passagem da concepção de ofertar através do tempo, Noé ofereceu sacrifícios ao Senhor após o Dilúvio e demonstrou de forma clara a passagem dessa **concepção**[28] e do conceito de oferta e sacrifício através do tempo. Deve ser considerado que essa concepção já existia, a exemplo de Caim e Abel, e dessa forma ele não poderia ter essa noção se não fosse atribuído

---

[28] Noé foi o décimo após Adão. Ele nasceu no ano 1056, após o surgimento de Adão, e isso é tempo suficiente para os ensinamentos voltados à prática de ofertas e sacrifícios se consolidarem em sua descendência e passarem para a sua praticidade. Além disso Noé viveu em um mundo onde ele teve que "remar contra a maré", pois o nível de perversidade e depravação moral era altíssimo (Gn. 6:5, 12) e ele era uma rara exceção nessa dimensão caótica, pois manteve a sua integridade e os ensinamentos de seus antepassados, sendo um homem justo e íntegro (Gn. 6:8–9). Parece que Noé adotou a mesma postura que seus antepassados adotaram quando começaram a "invocar" o nome do Senhor a partir de Enos, em Gênesis 4:26, quando provavelmente começaram a surgir cultos pagãos a deuses ou ídolos.

num contexto externo de educação paterna e materna a ideia de sacrificar, pois nenhum dos descendentes de Adão nasceria isoladamente apto para sacrificar ao Senhor sem uma interferência de um familiar.

O período de avivamento

Tudo começa com uma passagem no livro de Gênesis, capítulo 4, versículo 26: "A Sete também nasceu um filho, a quem pôs o nome de Enos. Foi nesse tempo que os homens começaram a invocar o nome do SENHOR". Existem diferentes interpretações para essa passagem. O Easton's Bible Dictionary de Matthew George Easton (3. ed., 1897) dá duas interpretações diferentes para esse verso: possivelmente foi nessa época que os homens que adoravam a Deus se diferenciaram dos idólatras, ou, na verdade, essa foi uma época de reavivamento espiritual.

A palavra hebraica "invocar" nesse versículo significa primeiramente "gritar a" ou "clamar por". Em um sentido mais amplo significa chamar em auxílio, suplicar, rogar, se colocar na condição de dependência. Invocar o nome do Senhor é em suma se colocar na dependência d'Ele.

Nessa passagem de Gênesis 4:26 diz que houve um tempo em que os antediluvianos "começaram" a invocar o nome do Senhor, e se eles começaram significa que houve um motivo ou uma cooperação externa para isso.

Olhando para o contexto do surgimento desse começo em invocar a Deus, é considerável que esse tempo surge aproximadamente de acordo com o **nascimento**[29] do neto de Adão, Enos. Esse relato não consta de acordo com o período em que Sete havia gerado a Enos, com cento e cinco anos. Dentro do contexto, fala de um tempo que surgiu logo em seguida, pois a passagem diz: "daí se começou a invocar o nome do Senhor".

Tudo indica que foi um movimento de avivamento específico em distinção a individualidades de cada pessoa da descendência de Adão com o Senhor, porque foi um evento coletivo onde "os homens começaram a invocar o nome do Senhor". Sendo um movimento espiritual coletivo, alguma coisa serviu para implicar, para "acender o fogo", nesse tempo de invocação a Deus. Lourival Cordeiro de Lima Júnior, em seu livro *O dia em que a morte morreu* (edição especial, editado por Lourival Cordeiro de

---

[29] O nascimento de Enos parece ter refletido a perseverança de seu pai, Sete, e isso porque ele foi o outro "galho" do mesmo tronco que é Adão, sendo o outro, Caim. Nesse caso a descendência que solidificaria o culto ao Senhor, como já citado, seria a de Sete, e Sete assim assume um papel importante nesse contexto.

Lima Júnior, p. 25), cita que esse avivamento foi uma forma de cultuar a Deus mais diretamente, sendo uma tentativa de agradar a Deus.

Considerando o passar dos anos, pode-se afirmar que nesse movimento espiritual coletivo já podia haver outros cultos de adoração relacionada a outros deuses, ou a ídolos e elementos da realidade, como, por exemplo, o Sol. Observe o esquema a seguir:

Chronos	Adão	Sete	Enos
0	0	X	X
130	130	0	X
235	235	105	0

Quando Enos nasceu já haviam se passado 235 anos, e Caim era mais velho do que Sete (Gn. 4:25). Isso significa que se passou tempo suficiente para haver outras concepções de adoração e cultos a outros deuses ou ídolos.

De acordo com o surgimento posterior a Adão desse movimento, com a probabilidade de haver cultos pagãos a outros deuses, e a atribuição no aspecto de "invocar" a Deus, tudo está caminhando para o fato de que esse avivamento espiritual coletivo foi na verdade a resposta à crescente onda cultural e religiosa ligada a outros deuses que manchava a verdadeira adoração ao verdadeiro Deus, cultivada e guardada pela descendência de Adão a partir de Sete. Logo, a aplicação da palavra "invocar" no original hebraico, nesse contexto, faz total sentido.

Capítulo 3

O MUNDO E A GENEALOGIA PRÉ-DILUVIANA

O mundo da pré-civilização

A genealogia antediluviana de Adão, também conhecida como genealogia de Sete, porque Adão é o tronco de duas genealogias, sendo uma de Sete e a outra de Caim, viveu em um mundo físico muito diferente do nosso. As condições ligadas à sobrevivência e vivência estavam sob a composição de um ambiente diferente, e veremos agora como possivelmente eram os elementos e fundamentos desse antigo "planeta Terra".

MARES RASOS: o Institute for Creation Research, isto é, Instituto de Pesquisas Criacionistas, que desenvolve pesquisas relacionadas ao criacionismo bíblico, a partir de 2015 desenvolveu e publicou um estudo baseado em dados estratigráficos de rochas de todo o mundo, ou seja, baseado em dados que estão ligados à análise de estratos ou camadas subterrâneas de rochas, que compõe a área da Geologia chamada de Estratigrafia.

Foram analisadas mais de 1.500 colunas estratigráficas da América do Norte, África, Oriente Médio e América do Sul. Os resultados desse estudo indicaram que mares rasos existiram em grande parte do leste e sudoeste dos EUA, incluindo o Grand Canyon, e no norte da África e no Oriente Médio.

Além disso, possivelmente os oceanos atuais naquela época tinham baixa salinidade em suas águas. De acordo com a **Teoria das Hidroplacas**[30], que é uma teoria de linha criacionista elaborada pelo engenheiro mecânico norte-americano Walter Brown em 1980, a qual consta em seu livro *In the beginning: compelling evidence for Creation and the Flood* (No começo: evidências convincentes para a Criação e o Dilúvio) e também cita a existência de mares rasos, na Fase de Ruptura houve um aumento de pressão das águas subterrâneas (contidas no "Grande Abismo") sobre rochas de menor resistência e isso teria promovido rupturas na crosta terrestre.

---

[30] A Teoria das Hidroplacas serve como uma alternativa para a explicação da formação das Placas Tectônicas em contraste com a junção da Teoria da Deriva Continental, postulada por Alfred Wegener em 1913, e da Teoria da Tectônica de Placas, aceita por cientistas na década de 1970.

Essas rupturas se alargaram rapidamente por causa dos efeitos erosivos da pressão da água, formando posteriormente e possivelmente as Placas Tectônicas. Curiosamente a passagem de Gênesis 7:11 diz: *"No ano seiscentos da vida de Noé, no mês segundo, aos dezessete dias do mês, romperam-se todas as fontes do grande abismo, e as janelas do céu se abriram..."*.

As fontes do grande abismo de acordo com essa passagem seriam as águas desse oceano subterrâneo, que **eclodiram**[31] quando houve rupturas na crosta terrestre, possibilitando o dilúvio e formando posteriormente as atuais Placas Tectônicas, quando diz a passagem de Gênesis 8:2: *"Cerraram-se as fontes do abismo e as janelas do céu, e a chuva do céu se deteve"*.

Essa visão é compatível somente com a real ocorrência do dilúvio bíblico universal, que será tratada no último tópico do capítulo 4, "A veracidade diluviana: A Ciência comprova o dilúvio?", onde serão tratadas e citadas as evidências que apontam para essa catástrofe de nível universal.

Esse evento de nível catastrófico inimaginável talvez tenha possibilitado com os seus indescritíveis efeitos a formação de partículas de sal nos **oceanos**[32] em um nível muito maior, em comparação com as águas pré-diluvianas, através das rochas que sofreram a erosão da pressão da água subterrânea, já que o sal se encontra em rochas.

A Teoria das Hidroplacas é um dos modelos do dilúvio, que incluem a Teoria do Dossel e a Tectônica de Placas Catastrófica. Esse último modelo é o mais aceito entre cientistas e geólogos criacionistas, pois percebem que ela se ajusta com a Geologia-padrão melhor do que outros modelos do dilúvio.

A Tectônica de Placas Catastrófica possui algumas semelhanças com a Teoria das Hidroplacas, e será vista em seus detalhes no último tópico do capítulo 4.

ATMOSFERA: a Atmosfera possuía uma pressão e concentração de oxigênio maior do que a atual. Isso porque em Gênesis 1:7 Deus separa as águas acima do firmamento (Atmosfera), possibilitando a existência, de

---

[31] De acordo com a Teoria das Hidroplacas, essas eclosões poderiam ter uma energia equivalente à explosão de 10 bilhões de bombas de Hidrogênio. Uma bomba de Hidrogênio possui a capacidade de ser milhares de vezes mais potente que qualquer bomba nuclear de fissão, como, por exemplo, a bomba atômica detonada em Hiroshima em 6 de agosto de 1945 pelos americanos. Pode ser dito que as eclosões na fase inicial do dilúvio tiveram um nível inimaginável de destruição.

[32] Como havia uma única e massiva porção continental de terra, os oceanos divididos e nomeados atualmente não existiam. Parece aceitável dizer que os mares quentes e rasos antediluvianos existiram espalhados pelo supercontinente, como será visto adiante no quesito "Inexistência de desertos", enquanto que o oceano que rodeava essa massiva porção de terra tinha baixa salinidade e era mais raso que os oceanos atuais, que são mais profundos devido ao impacto geológico e catastrófico do dilúvio, de acordo com a Teoria das Hidroplacas.

A ALIANÇA PRÉ-DILUVIANA:
A IMPLICAÇÃO DO RELACIONAMENTO DE DEUS COM OS PRIMEIROS HUMANOS

acordo com criacionistas, de um "Dossel" composto por partículas de água em forma gasosa, e separa as águas abaixo do firmamento, sendo nesse caso as águas dos oceanos, rios, lençóis d'água, lagos etc.

Everton Alves, em seu livro *Revisitando as origens* (1. ed., Numar-SCB, p. 125–129.), cita que de acordo com o físico-químico Dr. Jonathan Sarfati existem evidências de condições atmosféricas diferentes pré-diluvianas que corroboram o fato de que houve bem mais concentração de oxigênio ou maior pressão atmosférica em relação aos dias atuais. Ele ainda acrescenta que os evolucionistas também propuseram maior concentração de oxigênio ou pressão atmosférica no passado.

Para alguns estudiosos, a ideia do Dossel demonstra ser uma **incógnita**,[33] isso porque para eles o Dossel tornaria a pressão atmosférica intolerável, e porque ele não teria em sua estrutura, de acordo com modelagens matemáticas, a quantidade suficiente de água para inundar o planeta, esbarrando em outros problemas físicos e naturais. Mas ele poderia se situar mais ou menos em órbita ou por meio das forças eletromagnéticas na atmosfera superior, de acordo com o Dr. Morris, presidente-fundador do Institute for Creation Research. Dessa forma a pressão atmosférica na superfície não necessariamente teria que ser insuportável.

Ao analisarmos as passagens bíblicas de Gênesis 1:7, 7:11–12 e 8:2, nos deparamos com uma distinção de águas, tanto as colocadas acima e abaixo da atmosfera quanto as que se originaram das "janelas do céu que se abriram", caindo para a superfície da Terra, e aquelas que eclodiram da crosta terrestre originadas do oceano subterrâneo, quando se romperam as fontes do grande abismo.

Pode ser concebido por essa abordagem que de fato o Dossel existia, ainda mais se for considerada a abrupta redução nas idades pós-diluvianas, o que revela que fatores no mundo físico pré-diluviano contribuíam para a extensa longevidade (afinal, se o mundo físico pré-diluviano fosse o mesmo de hoje, como explicar as idades humanas de quase mil anos?), como veremos mais adiante.

Somando esses parâmetros com o que ainda diz o Dr. Morris: que há muita evidência de que a vida prospera melhor sob as chamadas pressões

---

[33] Existem estudiosos que entendem que a água que caiu durante os quarenta dias e quarenta noites do dilúvio seria na realidade a água vinda do subterrâneo em altíssima pressão e que após ter atingido certa altitude se dispersou abaixo, sendo a chuva durante esse tempo. Nesse caso não há cabimento para um Dossel que se condensou em forma de chuva.

hiperbáricas do que nas condições atuais de pressão, é concebível que de fato o Dossel tenha existido.

A Bíblia não menciona especificamente a quantidade de água em partículas de vapor que estava nesse possível Dossel ou Canopla de água, mas deixa indícios de que ele tenha existido. De acordo com a Teoria das Hidroplacas a atmosfera pré-diluviana teria uma pressão de 6 atm; considerando que a pressão ao nível médio do mar é de 1 atm e que quanto maior a altitude, menor a pressão, isso elucida o fato de que ela era bem elevada.

VEGETAÇÃO: ainda de acordo com o estudo desenvolvido e publicado pelo Institute for Creation Research em 2015, os pesquisadores identificaram uma massa pré-diluviana em todo os Estados Unidos da América que se estendia de Minnesota para o Novo México, a qual eles chamaram de "Península dos Dinossauros". Nessa região provavelmente, de acordo com eles, havia uma espécie de vegetação de várzea, composta por planícies inundáveis, **lar de animais incluindo dinossauros**[34].

No mesmo livro de Everton Alves, *Revisitando as origens*, há a citação também relacionada a um tipo de vegetação predominante que se assemelhava a grandes regiões pantanosas, isso porque existe um grande número e tipos de plantas pantanosas e animais enterrados com dinossauros na fossilização. De acordo com Alves, em Gênesis 4:2 há o indício de **terras adequadas para agricultura e criação de gado,**[35] o que provavelmente revela a existência de gramados e solos férteis, e outras áreas de grande abundância de metais preciosos e minerais, como a terra de Havilá (Gn. 2:11–12), possivelmente citada pelo autor numa condição anterior ao dilúvio.

INEXISTÊNCIA DE DESERTOS: num contexto mais recente, foram achados fósseis de baleias em meio a desertos. Wadi Hitan, em tradução literal: "vale das baleias", no Egito, foi o palco de achados de restos de mais de mil baleias, por parte do paleontólogo Philip Gingerich, da Universidade de Michigan, com os seus colegas, ao longo de 27 anos.

Além disso Philip, em novembro de 2019, deitou-se ao lado da coluna vertebral da criatura a que chamou Basilosaurus, e a areia em seu redor

---

[34] As condições de sobrevivência parecem ter sido no período antediluviano muito sofisticadas e propícias para um robusto equilíbrio no ecossistema. Como será tratado neste tópico do capítulo 3, o mundo e os fatores que possibilitavam a longevidade humana ser tão alta, podemos dizer que esse ambiente era favorável também para os animais.

[35] Certamente Caim e Abel se apossaram de terras com essas condições para exercerem suas atividades, pois um era agricultor e o outro pastor de rebanhos. Como os dois ofereceram suas ofertas a Deus e logo após isso Caim mata Abel, significa que eles viviam numa mesma região.

estava coberta de dentes fossilizados de tubarão, espículas de ouriço-do-mar e ossos de peixe-gato gigante. Junto dos ossos dessas criaturas marinhas, Philip encontrou também restos mortais de seres humanos, **o que pode apontar para a ocorrência do grande Dilúvio.**[36]

Num estudo publicado pela *BBC News* em 2014, no deserto de Atacama, ao norte do Chile, foi encontrado um "cemitério" de baleias, quando pesquisadores analisando os fósseis identificaram os restos de mais de 40 baleias. Esses cientistas, chilenos e americanos, também encontraram fósseis de predadores marinhos importantes e também de herbívoros.

Outro estudo, que reconstruiu as espécies aquáticas, divulgado pelo *The Guardian* em 2019, revela que em tempos passados habitaram no que é hoje o deserto inóspito do Saara **peixes-gato de 1,6 metros e cobras marítimas que ultrapassavam os 12 metros**[37]. A cientista Maureen O'Leary, autora da investigação, afirmou que moluscos, plantas e árvores preenchiam o leito marítimo daquele território, e que as novas reconstruções paleontológicas de fauna mostram uma floresta rica e verde, onde existiam algumas das maiores espécies aquáticas do mundo, e a água daquele mar era quente. O estudo foi realizado ao longo de vinte anos com base na análise de fósseis deixados para trás em sedimentos marítimos, concluindo a existência de um mar de 3.000 quilômetros quadrados com pouco mais de 50 metros de profundidade.

Anteriormente, em 2010, foi publicado um outro estudo, na *Folha de S. Paulo*, dando a notícia do achado de fósseis estranhos, como cartilagens de tubarão, barbas de baleia, penas e escamas, encontrados nos desertos de Sacaco e Ocucaje, ao sul de Lima, no Peru. O paleontólogo peruano Rodolfo Salas, que trabalhou na região por quinze anos, disse que o segredo da boa conservação dos fósseis está no ambiente marinho, que era muito superficial e de águas quentes, ou seja, a mesma conclusão do estudo dirigido por Maureen O'Leary, segundo o qual mares rasos e quentes existiram em áreas do Saara.

---

[36] Um manto de sedimentos foi-se acumulando ao longo de milhões de anos sob as ossadas, as águas do mar recuaram e o leito desse mar se transformou num deserto. Como explicar nesse caso os restos mortais de humanos? As criaturas que morreram na água e afundaram tiveram em seus ossos um acúmulo de sedimentos ao longo de milhões de anos, sendo descobertos na pesquisa, mas isso se aplica exclusivamente aos antigos seres marinhos, e não a humanos. Os restos de humanos não fizeram parte desse processo, pois é uma espécie terrestre, e como na expedição esses restos foram achados junto de outros animais marinhos isso aponta de certa forma para o grande dilúvio, pois ele teria a capacidade de "reunir" seres totalmente diferentes em termos de ambientação em um único local através de suas implicações catastróficas.

[37] Como será visto adiante no quesito "Fauna", a quantidade maior de oxigênio em comparação a hoje parece ter favorecido também o grande tamanho das espécies aquáticas antediluvianas, porque, assim como na terra, na água o oxigênio favorece a subsistência dos animais marinhos.

Voltando ao estudo realizado e publicado pelo Institute for Creation Research em 2015, são fascinantes algumas semelhanças notórias que há com esses estudos citados anteriormente. De acordo com o estudo do Institute for Creation Research de 2015, **existiram mares rasos no norte da África e no Oriente Médio,**[38] o que corrobora o estudo publicado pelo *The Guardian* em 2019, que afirma a existência de mares rasos no deserto do Saara, isto é, no norte da África. Também há semelhança com o estudo realizado em Wadi Hitan, o "vale das baleias", no Egito, conforme o qual existiu um antigo mar chamado de "Mar de Tétis", que há 50 milhões de anos se estendia desde o estreito de Gibraltar até o atual território da Índia, ou seja, abrangia uma grande área do Oriente Médio.

De acordo com as abordagens feitas é concebível dizer que os desertos eram antigos leitos de mares rasos durante o período pré-diluviano, e provavelmente por causa disso não existiam desertos nesse período.

TEMPERATURA: ainda de acordo com o mesmo livro de Alves, a **temperatura**[39], segundo Everett Peterson, é uma chave importante para termos uma noção de sua configuração na Terra recém-criada, com o fato de Adão e Eva serem criados despidos. Assim, como em Gênesis 1 há várias passagens que citam: "E viu Deus que isso era bom", isso torna possível a afirmação, de acordo com Peterson, que a temperatura não era extrema o suficiente para fazê-los tremer de frio, e nem muito quente para fazê-los transpirar.

Possivelmente, durante todo o ano, nos dias e nas noites, a temperatura podia permanecer em um equilíbrio de modo uniforme por todo o planeta, possibilitando um clima ideal para corpos desprovidos de vestimentas. Como possivelmente não havia desertos, como já tratado, isso corroboraria essa uniformidade de temperatura, já que nos desertos temos temperaturas extremas no dia e na noite.

O Dr. Morris argumenta que o fato da luz do Sol, da Lua e das estrelas brilhar indica que as águas superiores, situadas no Dossel, estavam em

---

[38] Os estudos que afirmaram a existência de mares rasos e fósseis até aqui foram todos em desertos. Se realmente os desertos foram leitos de antigos mares rasos antediluvianos, isso significa que a água oceânica em volta do único supercontinente ou Pangeia possivelmente não tinha uma ligação com essas águas, e se esse oceano era mais raso de acordo com a Teoria das Hidroplacas, havia provavelmente mais áreas geográficas e não submersas em km² em comparação com os continentes de hoje.

[39] De uma forma geral, o nosso organismo não se adapta bem a temperaturas muito baixas. Em uma matéria do portal Meteored, considera-se que a temperatura da pele para o conforto térmico, ponto no qual nos sentimos confortáveis, seja de 30°C para uma pessoa nua, em repouso e em um dia em que não há vento. Isso significa que a temperatura no mundo antediluviano provavelmente não passava de 30°C.

forma de vapor, e não de gelo ou nuvens. O vapor de água é invisível e por isso totalmente transparente.

Ainda de acordo com Alves em seu livro, Morris acrescenta que o efeito estufa, um fenômeno natural de aquecimento térmico da Terra que é essencial para manter a temperatura do planeta ideal para a sobrevivência dos seres vivos, teria deixado a Terra antediluviana uniformemente quente e leve.

Se, como é provável, existia o Dossel em forma de vapor de água, o efeito estufa em nossa atmosfera atual possivelmente teria sido muitíssimo aumentado se ele tivesse se mantido, já que o efeito estufa é fornecido pelo vapor de água, ozônio e dióxido de carbono.

Ele também acrescenta que as diferenças latitudinais na temperatura teriam sido mínimas, diferente de hoje, quando quanto maior a latitude (mais perto dos polos), mais frio será, e quanto menor a latitude (mais perto do Equador), mais quente será. Isso demonstra também que, como o vento é o resultado de diferenças latitudinais de temperatura, só haveria movimentos suaves de ar, e não ventanias fortes. Por causa disso as grandes tempestades que ocorrem hoje possivelmente não ocorriam no mundo pré-diluviano.

CICLO HIDROLÓGICO: o ciclo hidrológico pré-diluviano tinha uma característica diferente do atual — ele era subterrâneo. Isso indica ausência de chuvas naquela época. A base dessa afirmação consta em Gênesis 2:6: "*Um vapor, porém, subia da terra, e regava toda a face da terra*". No versículo anterior é afirmado que o Senhor não tinha feito chover sobre a terra, o que representa a confirmação desse único ciclo hidrológico.

É válido destacar que, quando o Senhor coloca por sinal de não destruir mais os seres por águas de dilúvio o seu Arco (Gn. 9:13–15), isso demonstra ser algo inédito, pois essa aliança foi estabelecida também de forma inédita.

Essa aliança estaria ligada ao futuro envio de chuvas, quando apareceria o **Arco-Íris**[40], e um Arco-Íris só se forma no Céu através da luz solar que é separada de seu espectro quando brilha sobre gotículas de água da chuva suspensa no ar. Pelo motivo do Arco-Íris só ocorrer por causa da chuva,

---

[40] O arco-íris possui sete cores, e isso é resultado da divisão da luz branca através das gotas de água da chuva em seu espectro. As cores são: violeta, anil, azul, verde, amarelo, laranja e vermelho. Se tratando aqui do número 7, e como ele é implicado nas Escrituras em relação a uma completude, como nos dias da criação (Gn. 2:1–2), nos sete anos de fartura e de fome no Egito de José (Gn. 41:17–31), e nas taças da ira de Deus no livro de Apocalipse (Ap. 15:1, 16:17), o fato de Deus ter colocado um elemento com sete cores quando houve a completude do dilúvio parece não ser algo aleatório, mas demonstra um sinal de consumação como se fosse o próprio Deus dizendo: "O dilúvio foi completado para não vir novamente".

num contexto após o dilúvio, de acordo com a aliança de Deus, pode-se chegar à conclusão de que não havia chuvas no período pré-diluviano, pelo menos não ligadas ao ciclo da água como acontece hoje.

Além disso a concepção do escritor de Gênesis para a palavra "terra" em Gênesis 2:6 não se refere à Terra na concepção que nós temos hoje de planeta, porque o modelo global, como já citado anteriormente, só surgiu em 350 a.C. através de Aristóteles.

Isso significa que provavelmente havia outras fontes subterrâneas de vapor que regavam o solo terrestre. Então podemos concluir que havia somente um ciclo hidrológico, sendo subterrâneo. Assim, as grandes tempestades atuais estavam e eram ausentes no mundo antediluviano.

Mas o que era e de onde se originava esse ciclo? De acordo com o geólogo Max Hunter, citado no livro de Alves, a "névoa" que regava a terra poderia ser resultado da lenta exsolução da água do manto criada através da crosta fria, isto é, a água subterrânea em forma de partículas gasosas emanava lentamente da gigantesca reserva subterrânea quando essa água entrava em contato com zonas mais frias.

Dentre os materiais expelidos por vulcões encontra-se o vapor de água, além de lava, cinzas, e vários gases, como o carbônico e gases de enxofre. De acordo com esse fato é possível considerar que os **atuais vulcões**[41] talvez tenham uma ligação com o mundo pré-diluviano relativa à água subterrânea em forma de névoa que ia para a superfície terrestre.

RIOS: os rios não dependiam das águas das chuvas para terem suas taxas de fluxo em pleno equilíbrio. Isso significa, ainda conforme o livro de Alves, que possivelmente a sua origem teria a ver com a "névoa", isto é, com as águas subterrâneas, e por causa disso as taxas de fluxo nesses rios teriam sido extremamente regulares, ou seja, não ficavam cheios com chuvas e nem rasos ou vazios com a ausência delas.

Possivelmente as águas desses rios não carregavam sedimentos, possibilitando nenhum sedimento ser levado para os rasos oceanos pré-diluvianos. Eles poderiam ter sais dissolvidos que foram derivados do manto, sendo nutricionais para homens e animais.

---

[41] Os vulcões se formam nas zonas de convergência, isto é, nas regiões onde ocorrem os choques entre as placas tectônicas, encontradas sob o material magmático. Dentro da visão criacionista da formação dessas placas, através da Teoria das Hidroplacas, significa que eles podem se formar num processo recente, e nesse caso é um ponto que pode ser comum entre criacionistas e evolucionistas, já que certos tipos de vulcões se formam por processos naturais rápidos. Mas nem todos os vulcões estão nas zonas de convergência ou nos limites das placas, sendo que alguns se localizam dentro das placas em continentes distintos. Isso pode favorecer a ideia de que existiram vulcões ou aberturas antediluvianas que possibilitavam a passagem de água em estado gasoso para a superfície.

Rios antediluvianos são aqueles que derivavam de um rio original que saía da região do Éden e no jardim se dividia em quatro braços distintos: o Pisom, o Giom, o Tigre e o Eufrates (Gn. 2:10–14). O rio original que saía do Éden provavelmente era um rio de grande porte, talvez de quilômetros de largura, já que seu volume de água se dividia em quatro rios. Isso também significa que talvez o jardim tivesse quilômetros de extensão, sendo diferente da concepção moderna de jardim, segundo a qual seria um local com dezenas ou centenas de metros quadrados.

RELEVO: no livro de Alves também são citadas características de um relevo que indicava uma devida uniformidade por todo o planeta. Brian Thomas, mestre em Ciências, diz que o fato dos animais chegarem até Noé, vindos de todas as regiões daquele único continente, implica que eles não encontraram barreiras que seriam intransponíveis como a cadeia dos Himalaias ou a Cordilheira dos Andes, sendo estas formações resultantes do dilúvio.

Assim, possivelmente as montanhas eram mais baixas em relação às atuais, e talvez por isso existissem grandes regiões de planícies, condizendo com as grandes regiões pantanosas já citadas.

FAUNA: os altos índices de oxigênio que possivelmente existiram no tempo pré-diluviano possibilitaram os animais terem, de forma generalizada, um tamanho maior do que teriam no mundo de hoje. A megafauna existiu e é revelada pelo registro fóssil, sendo um termo usado para designar o conjunto de animais de grandes proporções corporais que coexistiram com os seres humanos incluindo mamíferos enormes como as preguiças-gigantes, tatus-gigantes, e a famosa Meganeura, uma espécie de libélula gigante.

O ar mais oxigenado e a atmosfera mais densa podem ter permitido também uma maior variedade de espécies de animais, já que isso possivelmente tornaria a vida mais longeva e consequentemente mais abundante. Os dinossauros também tomaram parte nessa realidade, e parece que os fósseis que os identificam como animais grandes apontam também para um período em que o oxigênio possivelmente era mais abundante.

Uma matéria, publicada no site Criacionismo em 2018, expôs alguns pontos interessantes sobre a relação "oxigênio e gigantismo" anterior ao dilúvio. Nessa matéria é citado o certo consenso de que a atmosfera do planeta no passado tinha 50% mais oxigênio do que a atual, 35% de O_2 no passado em comparação com os 21% atuais. Nesse caso a diferença entre evolucionistas e criacionistas é em relação à interpretação da época em que isso ocorreu; no caso evolucionista, dos milhões de anos.

Estudos com **experimentos**[42] citados na matéria desse site confirmam que oxigênio e crescimento realmente estão interligados, o que de certa forma favorece a ideia do gigantismo no período antediluviano.

OCEANO SUBTERRÂNEO: em Gênesis 1:2 é citada a existência do "Grande Abismo". Nesse local posteriormente havia um oceano subterrâneo, formado especificamente, na passagem de Gênesis 1:9, quando o Senhor ordena a água se ajuntar "em um só lugar" e aparecer a porção seca, ou seja, ocorreu uma espécie de drenagem da água que estava por cima da massa de terra, e essa água subterrânea eclode em Gênesis 7:11, onde refere que se romperam todas as fontes do grande abismo.

Como já citado antes no quesito Oceanos, no dilúvio as águas subterrâneas eclodiram, possibilitando rupturas na crosta terrestre, formando possivelmente as Placas Tectônicas. Recentemente foi descoberto um oceano subterrâneo a cerca de 660 km de profundidade preso em uma camada de rocha azul, isto é, ele está preso em estruturas de minerais e não se encontra como um vasto oceano líquido.

Essa descoberta comprovou que ele possui o volume de água suficiente para encher todos os oceanos da Terra por três vezes, além de estar aproximadamente entre 400 e 660 km abaixo da superfície da Terra, numa zona de transição entre as camadas inferior e superior do manto.

É provável que a água subterrânea que eclodiu no dilúvio tenha alguma ligação com esse reservatório preso em minerais, e é concebível dizer que possivelmente no dilúvio somente uma parte dessa água subterrânea já seria o suficiente para inundar os territórios, já que no período pré-diluviano as montanhas poderiam ser mais baixas.

SUPERCONTINENTE: a menção bíblica que traz luz à ideia de que havia uma "Pangeia" no tempo antediluviano está em Gênesis 1:9–10, onde o relato do elemento seco que é terra demonstra de certa forma ter uma uniformidade em seu surgimento.

---

[42] Alguns experimentos citados na matéria revelaram resultados interessantes. Em 2010 uma pesquisa que criou insetos em câmaras hiperbáricas revelou um crescimento de 20% em libélulas expostas a um aumento de 10% de oxigênio. Num outro estudo, foram analisados camundongos machos com 5 semanas de idade estimulados a beberem água de um bebedouro contendo nanobolhas de oxigênio e em outro com água normal por 12 semanas. A água oxigenada promoveu significativamente o aumento de peso e do comprimento dos camundongos, em comparação com a água normal. Outro estudo envolvendo peixes utilizou nanobolhas de ar ou gás oxigênio para investigar o crescimento desses animais. O peso total do peixe de água doce aumentou de 3,0 kg para 6,4 kg em água normal, enquanto o dos expostos em água com nanobolhas de oxigênio aumentou de 3,0 kg para 10,2 kg.

De acordo com a terceira e quarta fases da Teoria das Hidroplacas, da deriva continental e da acomodação, a crosta terrestre, até então contínua, começa a sofrer um rápido alargamento de rupturas através da água subterrânea que eclodiu, formando posteriormente placas continentais.

Essas placas, definidas como hidroplacas, teriam deslizado rapidamente pelo oceano e encontrando resistência foram comprimidas em uma espécie de "efeito mola", a partir do qual se formaram as montanhas acima do oceano e as fossas abissais abaixo deste. Isso possibilitou o surgimento de oceanos mais profundos, e por causa da compactação de rochas das hidroplacas, continentes mais altos.

O movimento dos continentes, numa velocidade de aproximadamente 60 km/h, quando compactados nesse efeito, abriria profundas bacias oceânicas, as quais possibilitariam a retração das águas diluvianas para esse espaço, gerando os oceanos profundos.

A Litosfera, que é a crosta terrestre, no que tange à distribuição dos continentes pelo globo, teve sua atual formação através do altíssimo nível catastrófico do dilúvio, e seu impacto condicionou progressivamente a **dispersão**[43] das imensas placas continentais como vemos hoje.

Dados todos os elementos que faziam parte da Terra pré-diluviana, podemos chegar à conclusão de que ela era bem diferente da atual, e mantinha uma melhor condição para a sobrevivência dos seres vivos.

As características dos descendentes adâmicos

Quando lemos a história dos descendentes adâmicos pré-diluvianos a partir de Gênesis 5, nos deparamos com uma impossibilidade que talvez já tenha incomodado qualquer pessoa que já leu essa parte de Gênesis: Afinal, como e por que os seres humanos viviam quase mil anos nesse período?

Para termos uma melhor compreensão devemos analisar a estabilidade das idades da linhagem pré-diluviana a partir de Gênesis 5, e correlacionar

---

[43] A dispersão dessas placas na visão criacionista estaria ligada aos efeitos da energia cinética, que ocorre quando um corpo transfere energia para outro em uma determinada intensidade que é relativa ao deslocamento dele. Nesse caso o dilúvio teria permitido o deslocamento de placas continentais numa deriva continental em velocidades altas, que desaceleraram antes de se chocarem com outras placas, e por causa da altíssima energia cinética teriam promovido, por exemplo, a formação das Montanhas Rochosas, da Cordilheira dos Andes e dos Himalaias. Seguindo uma analogia, um carro não teria danos se chocasse com um poste a 1 km/h, mas teria sérios danos se isso fosse a 70 km/h. O mesmo conceito se aplica na energia cinética necessária para essas montanhas se formarem, ao contrário do que seria em movimentos lentos, graduais e sucessivos ao longo de vários milhões de anos.

com a abrupta redução na era pós-diluviana a partir de Gênesis 11:10. Para isso vamos dividir os fatores em: externos (ambiente) e internos (corpo físico, biologia, genética). Esses fatores são científicos e ligados ao envelhecimento.

RADIAÇÃO SOLAR (fator externo): a exposição ao sol ajuda a mobilizar a mudança na estrutura do organismo possibilitando o envelhecimento.

POSSIBILIDADE PRÉ-DILUVIANA: no mundo pré-diluviano a atmosfera era mais robusta em relação à quantidade de água em sua composição, o que possibilitava a **radiação solar**[44] ser menor. Como já citado, o Arco-Íris só se forma quando há chuva, causado pela refração da luz solar nas gotas de água, durante ou após a chuva, e por causa da aliança de Deus se estender para os tempos futuros através do Arco-Íris é correto afirmar que possivelmente não havia chuvas antes do dilúvio, pelo menos, como já citado no quesito Ciclo Hidrológico, que contribuíssem para o ciclo da água naquele tempo.

Se por causa disso não havia chuvas, não havia a radiação solar suficiente para promover a evaporação das águas para o ciclo das chuvas, ou seja, a radiação solar era menor no período pré-diluviano, possibilitando a extensa longevidade.

Essa robustez maior de água na atmosfera em forma de vapor, possibilitando a radiação solar ser menor, para o Dr. Morris, já citado antes no quesito Atmosfera, possivelmente se situava mais ou menos em órbita, ou por meio das forças eletromagnéticas na atmosfera superior, sem necessariamente aumentar a pressão atmosférica na superfície, em um nível insuportável.

POSSIBILIDADE PÓS-DILUVIANA: no dilúvio a quantidade original de água na composição atmosférica, conforme Gênesis 1:7, isto é, o Dossel, se condensa em forma de uma torrencial "chuva" de 40 dias e 40 noites, ou seja, "se abrem as comportas dos céus", como diz a passagem. Por ser um evento ininterrupto de 40 dias e 40 noites, ou 40 dias de 24 horas, isso de certa forma aponta mais para uma anormalidade do que para uma chuva "convencional".

Esse fato não foi algo dentro de uma normalidade natural, isto é, foi um evento onde houve uma interferência divina para isso, como no caso

---

[44] A radiação solar é composta pelo infravermelho, espectro visível e ultravioleta. Entre essas três, a radiação ultravioleta desencadeia efeitos prejudiciais, desde o aumento do risco de câncer de pele até o fotoenvelhecimento cutâneo, processo que deixa a pele espessada, áspera e manchada. A radiação ultravioleta é constituída por três faixas de comprimento de onda: a UVC, a UVB e a UVA, sendo que a UVB é prejudicial a quase todas as formas de vida.

do Sol e a Lua pararem no céu quando Josué clamou ao Senhor para isso diante dos israelitas (Js. 10:12–13).

Por causa disso a radiação solar se intensificou em virtude da perda dessa "barreira", resultando na atual atmosfera contendo só 0,001% da água do planeta e possibilitando a evaporação das águas para o ciclo da chuva, mudando o ciclo hidrológico.

Como a radiação solar foi e é maior após o dilúvio, o envelhecimento se torna mais acelerado. Por isso, entre outros motivos, as idades pós-diluvianas foram se reduzindo gradativamente, a partir do momento em que as genealogias progrediram. A conclusão é que a radiação solar no mundo pré-diluviano provavelmente era menor e contribuía para a maior longevidade.

TOXINAS DO AR (fator externo): as partículas microscópicas inadequadas para a nossa respiração podem também interferir nas funções das moléculas e das células, promovendo o **declínio**[45] do organismo.

POSSIBILIDADE PRÉ-DILUVIANA: o oxigênio no período pré--diluviano, já citado no quesito Fauna, talvez fosse menos carregado de partículas prejudiciais, o que o tornava mais puro. Dada a composição de maior predominância de partículas de água na Atmosfera (Dossel), isso talvez tenha possibilitado aumentar a longevidade, porque a maior pressão atmosférica provavelmente tornaria o oxigênio mais puro e volumoso, como acontece nas câmaras medicinais hiperbáricas.

Como já citado anteriormente, o físico-químico Dr. Jonathan Sarfati apresenta evidências de condições atmosféricas diferentes pré-diluvianas que corroboram a ideia de que a concentração de oxigênio ou a pressão atmosférica eram bem maiores do que hoje. Se essa atmosfera existisse hoje, os efeitos benéficos nas câmaras hiperbáricas, isto é, nos equipamentos usados pela medicina para melhora da oxigenação nos pacientes, seriam possivelmente bem melhores. POSSIBILIDADE PÓS-DILUVIANA: como houve a ruptura e a perda do volume de partículas de vapor de água condensadas para a torrencial "chuva" de 40 dias e 40 noites, a concentração de oxigênio ou pressão atmosférica sofreram um declínio resultando em uma concentração menor de oxigênio e tornando-o menos carregado de partículas benéficas, resultando em um possível fator de redução nas idades dos seres humanos posteriores ao dilúvio.

---

[45] O oxigênio pode nos dar a vida, mas ao mesmo tempo ele nos "mata", isto é, nos permite envelhecer. Quando o organismo contém radicais livres em excesso, poderá ocorrer envelhecimento precoce.

A conclusão é que, dada a probabilidade de maior concentração de oxigênio ou pressão atmosférica no período pré-diluviano, é provável que esse motivo contribuiu para a extensa longevidade nesse tempo.

TOXINAS NA ÁGUA (fator externo): a mudança no organismo em nível molecular e celular por consumo de água com toxinas[46] permite mudanças declinativas levando ao envelhecimento.

POSSIBILIDADE PRÉ-DILUVIANA: no período pré-diluviano, as fontes de água eram menos carregadas de toxinas, permitindo as pessoas serem mais resistentes ao envelhecimento por esse motivo. Como já citado, os rios antediluvianos possivelmente tinham uma conexão com a névoa subterrânea e os lençóis de água subterrâneos, o que permitia as taxas de fluxo de águas neles serem bem regulares, não dependendo do ciclo de chuvas.

Nesse caso esses rios possivelmente seriam isentos de carregarem sedimentos, já que a chuva é responsável por acumular sedimentos nos rios, através do assoreamento deles, causado pelo acumulo de sedimentos oriundos da superfície do solo lavado pela chuva e transportado por escoamento. Esse material é levado pelo rio e encontrando locais mais planos é depositado no fundo, formando bancos de areia e prejudicando o curso da água do rio.

Os rios antediluvianos nesse caso poderiam conter um número expressivamente menor de toxinas, já que a chuva, por exemplo, não iria possibilitar um escoamento contendo urina ou fezes de animais, entre outros possíveis elementos tóxicos. Além disso, por causa dos fluxos regulares e equilibrados deles virem do subterrâneo, a toxidade das águas provavelmente seria bem mais baixa, semelhante às nascentes atuais que surgem a partir de aquíferos, embora estes possuam suas origens nas chuvas.

POSSIBILIDADE PÓS-DILUVIANA: o estrondoso impacto geológico global promovido pelo dilúvio permitiu uma certa transição do modelo de ciclo hidrológico do subterrâneo para o atmosférico. Dessa forma, o ciclo das chuvas, que começa pela evaporação das águas, surge pela maior incidência de penetração da radiação solar na superfície terrestre, como já citado.

As posteriores chuvas agora se encarregariam de levar material tóxico da camada superficial da terra para os rios, tornando-os ao longo do tempo

---

[46] As toxinas presentes na água, além de permitirem um aceleramento no envelhecimento, podem também desencadear doenças, sendo letais em alguns casos extremos. São vários os fatores que permitem a água ter toxinas, como: descarte inadequado de esgotos, contaminação por agrotóxicos agrícolas, toxinas originárias de bactérias e de algas.

cada vez mais carregados de agentes tóxicos, e possibilitando ser esse um fator contribuinte para a redução da longevidade humana observável ao longo da era pós-diluviana.

ALIMENTAÇÃO (fator interno): existe respaldo científico ligado à longevidade promovida por um consumo restrito a alimentos vegetais.

POSSIBILIDADE PRÉ-DILUVIANA: em Gênesis 1:29 Deus determina quais seriam os alimentos para os seres humanos, e eles se condicionam a serem de origem vegetal. Isso define que provavelmente no período pré-diluviano havia o consumo de alimentos limitados a serem somente de origem vegetal, já que apenas em Gênesis 9:2–3, 5 Deus institui a cadeia alimentar, ou a possibilidade de haver consumo de alimentos de forma carnívora.

De certa forma, a longevidade poderia ser mais extensa por causa da restrição ao consumo de alimentos de origem vegetal, e isso indica que, pelo menos antes da queda, o sistema de sobrevivência dos seres vivos se encaixava em uma plena sustentação à provável e inesgotável fonte de relva, ervas, árvores, espécies de plantas etc.

POSSIBILIDADE PÓS-DILUVIANA: antes de mais nada, tentar entender o porquê de Deus instituir a alimentação de forma **carnívora**[47] é essencialmente importante. Se no início havia um certo equilíbrio para a demanda de alimentos vegetais aos seres vivos, a instituição da alimentação carnívora pode indicar uma certa escassez de vegetais para manter o equilíbrio que certamente havia no início, ou seja, os recursos vegetais, de forma geral, foram possivelmente diminuídos.

Talvez o catastrofismo diluviano possa ter uma parcela de culpa nisso, pois existem fósseis de plantas que possivelmente demonstram que foram soterradas durante o dilúvio e fossilizadas. Nesse caso, considerando o nível de catastrofismo diluviano, podemos conceber que uma grande quantidade de recursos vegetais foi perdida durante os eventos do dilúvio, o que pode coincidir com certas proposições da Paleobotânica.

Os primeiros seres humanos que agora começariam a se alimentar com carne sofreram possíveis mudanças adaptativas em seus organismos por causa do impacto da alimentação carnívora, e com o passar do tempo transmitiram geneticamente essas mudanças aos seus descendentes, que

---

[47] Existem atualmente, segundo Wozencraft em uma classificação elaborada em 2005 (*apud* Wilson e Reeder, 2005), 126 gêneros e 286 espécies de animais carnívoros. Além disso nem todos os carnívoros comem exclusivamente carne, sendo alguns onívoros.

agora sofreriam o impacto da perda gradual da longevidade com o passar dos anos, e isso porque o consumo de carne pode, de certa forma, reduzir as chances de viver mais.

Um estudo feito por especialistas da Universidade de Harvard, em Massachusetts, trouxe evidências de que comer carne vermelha pode aumentar o risco de contrair doenças cardíacas e câncer. Os participantes dele foram 37.698 homens acompanhados por 22 anos, e 83.644 mulheres acompanhadas por 28 anos, tendo os seus hábitos alimentares consultados a cada quatro anos. Seu autor principal, Frank Hu, disse que o estudo oferece evidências claras de que o consumo regular de carne vermelha, principalmente carne processada, contribui de forma substancial para uma morte prematura.

Em contrapartida temos evidências que possibilitam a afirmação de que a alimentação de origem vegetal contribui para a longevidade. A *American Heart Association* (Associação Americana de Cardiologia), com base em dois estudos de longo prazo separados que analisaram medidas diferentes de consumo de alimentos vegetais saudáveis, afirmou em sua revista científica que comer alimentos mais nutritivos, à base de vegetais, é saudável para o coração independentemente da idade. Os pesquisadores desses estudos descobriram que tanto os jovens quanto os adultos, e mulheres na pós-menopausa, tiveram menos ataques cardíacos e eram menos propensos a desenvolverem doenças cardiovasculares, quando se alimentavam mais de alimentos vegetais saudáveis.

Com base nesses estudos, a conclusão é que os vegetais são propícios para uma longevidade mais ativa, enquanto que o alto consumo de carne vermelha pode reduzir as chances de uma preservação da longevidade.

Em suma, provavelmente a **mudança de hábitos alimentares no contexto pós-diluviano**[48], quando foi introduzido sistematicamente o consumo de carne animal, possibilitou uma gradual queda da longevidade em comparação com a época antediluviana, quando a longevidade era estabilizada. As implicações adaptativas dessa mudança transmitiram biologicamente e geneticamente com o passar dos anos a queda na longevidade humana.

---

[48] A determinação do Senhor para consumo de carne animal a partir de Gênesis 9 era diretamente para Noé e seus familiares, embora envolvesse toda a humanidade. É provável que Noé e sua descendência, que se inicia em Sete, tenham se alimentado somente de vegetais até esse momento, por serem uma descendência que reverenciava a Deus, enquanto que o ramo de Caim provavelmente aderiu ao consumo de carne através de predação junto com outros animais, já que isso era uma forma de corrupção e desvio em correlação com a perfeição do estado original, como está no tópico "O perecimento de uma realidade", no capítulo 4.

SINTETIZAÇÃO DE VITAMINAS (fator interno): as vitaminas desempenham funções tangíveis ao desenvolvimento e no metabolismo orgânico. São fundamentais para o controle de diversas doenças crônicas e principalmente no combate contra os radicais livres, que permitem o envelhecimento das células, sendo portanto antioxidantes.

POSSIBILIDADE PRÉ-DILUVIANA: existem 13 vitaminas fundamentais para a vida humana, e são denominadas através das letras A, B, C, D, E K. O complexo vitamínico B inclui oito vitaminas: B1, B2, B3, B5, B6, B7, B9 e a B12. O ser humano atual só consegue produzir duas das 13 vitaminas.

Uma delas é a D, produzida através das células da pele quando a luz solar entra em contato com um precursor do colesterol. A outra é a B12, não literalmente produzida por nós, mas através de bactérias que vivem em nosso intestino. Os nutrientes dessa vitamina não são absorvidos pelo corpo, pois a bactérias se localizam no final do trato digestivo.

Mas por que produzimos quase nada dessas vitaminas essenciais? Será que produzíamos elas no passado?

Linus Pauling, grande cientista vencedor de um Nobel de Química e outro da Paz, além de grandes conhecimentos sobre Física, Medicina e Biologia, postulou uma concepção acerca disso: *"O ser humano herdou uma mutação degenerativa que o impede de sintetizar a sua própria vitamina C e que o torna dependente das fontes alimentares dessa vitamina C"*. O fato de termos todos os genes que os vertebrados usam para fabricá-la e nós mesmos não podermos fazê-lo concerne a esse postulado uma devida razão. Isso significa de certa forma que o ser humano produzia sua própria vitamina C (Ácido Ascórbico), mas com o passar do tempo perdeu essa capacidade, **e essa perda possivelmente se estendeu também para outras vitaminas.**[49]

A capacidade de produzir vitaminas, em especial a C, por se tratar de um poderoso antioxidante, parece ter sido possível no período antediluviano, já que elas estariam ligadas à estabilização da longevidade num período em que esta tinha uma imensa extensão.

POSSIBILIDADE PÓS-DILUVIANA: a perda da capacidade de sintetizar vitamina C levanta possíveis causas, e uma delas seria, de acordo com

---

[49] Se necessitamos de formas fundamentais de vitaminas diferentes para nossa sobrevivência, e considerando que o homem era mais evoluído em detrimento das mutações deletérias, a necessidade de termos que ingerir diferentes vitaminas através de alimentos reforça a ideia de que o homem possivelmente sintetizava diferentes vitaminas no início da história humana antes da queda.

fontes evolucionistas, que os nossos ancestrais ingeriram excessivamente vitamina C no passado através de plantas, e sucessivamente o ser humano foi perdendo a capacidade de sintetizá-la.

Essa perda possibilitou o organismo humano sofrer uma mutação no gene GULO, onde possui uma letra trocada no DNA em relação aos animais que podem produzi-la, o que o torna inútil e leva os seres humanos a não poderem sintetizar a vitamina C.

Outra possível causa seria uma mudança no clima ou na condição de sobrevivência em um determinado ambiente, onde a transição para um ambiente com condições diferentes de sobrevivência permitiria a perda da capacidade de sintetização. Essa possibilidade se torna viável quando um postulado de um estudo reportado pelo *The New York Times* em janeiro de 2014 diz que nossos ancestrais precisaram de poucos milhares de anos para modificar a sintetização de vitamina D, e isso se deu quando deixaram a África equatorial e se espalharam por latitudes mais altas, onde o céu ficava mais baixo e era fornecida menos luz ultravioleta. Consequentemente, por desenvolverem pele mais clara, europeus e asiáticos puderam continuar a produzir vitamina D em um nível saudável. Isso significa que o clima e a transição de um ambiente de sobrevivência para outro pode afetar de alguma forma a sintetização de alguma vitamina.

Nesse contexto pode ser racionalizada a possibilidade dos **antedilu-vianos terem que lidar com as mudanças causadas pelo dilúvio**,[50] que afetou a atmosfera, a topografia e a geologia terrestre, de uma forma que gradativamente impossibilitou o homem de sintetizar a célebre vitamina C e seu poder de longevidade, entre outras possíveis vitaminas.

De acordo com o livro *A involução de Darwin* de Michael Behe, o ser humano está involuindo, ou seja, a cada geração que se passa são contabilizadas novas mutações que são deletérias. A partir do século XXI os estudos científicos mais aprofundados e sofisticados revelaram que as mutações facilmente quebram ou degradam genes, e a estimativa é que sejam de 50 a 100 mutações deletérias para cada nova geração.

---

[50] Ao considerar a queda gradativa das idades dos pós-diluvianos a partir de Gênesis 11:10, onde são citadas as gerações de Sem, o filho mais velho de Noé, é perceptível que as condições ambientais ligadas a uma extensa longevidade já não eram as mesmas que havia antes do dilúvio. Isso significa que o ser humano a partir daí não deve ter tido uma vida fácil em virtude de adaptação, e transmitiu as adaptações geneticamente às gerações seguintes, mostrando uma involução através de mutações deletérias, como argumentam criacionistas e defensores da Teoria do Design Inteligente em pesquisas, matérias e livros.

Se houver uma regressão ao passado, isso significa que o ser humano era melhor, destacando nesse caso o gargalo genético no início da era pós-diluviana a partir de Sem, quando as idades caem gradativamente, ao contrário da era pré-diluviana, em que os patriarcas da descendência de Sete viviam quase mil anos, como será mostrado na tabela a seguir.

Isso significa que os antediluvianos provavelmente tinham um padrão maior de capacidade intelectual, biológica, genética e física, acima dos humanos atuais de hoje. Se voltarmos mais ainda no passado, antes da queda da humanidade, Adão e Eva seriam humanos praticamente perfeitos e altamente evoluídos, ou seja, diferentes de pinturas clássicas que os retratam.

Partindo para uma definição, pode-se dizer que esses cinco motivos possíveis para a longevidade antediluviana possuem um certo sentido, mas como se trata de uma época bastante remota e praticamente impossível de ser reconstruída com detalhes por causa do catastrofismo diluviano, o que resta é pelo menos tentar entendê-la com aquilo que é disponibilizado pelas evidências, pois a única forma de saber algo com certeza daquele mundo seria somente se estivéssemos nele.

Caminhando mais a fundo, podem ser feitos os seguintes questionamentos: Quanto tempo durou desde o surgimento de Adão até o dilúvio? Essa pergunta se resume a responder quanto tempo durou o mundo pré--diluviano com todas as suas caraterísticas.

Para chegar a essa conclusão foi elaborada uma tabela feita a partir de um sistema de cálculos que consiste em aplicar ao descendente anterior a idade em que seu filho gerou o descendente posterior, e assim por diante. Dessa forma o tempo cronológico que se passou é calculado precisamente.

Segue a tabela:

GENEALOGIA CRONOLÓGICA DE ADÃO ATÉ NOÉ

Idades máximas	930	912	905	910	895	962	365	969	777	950
Chronos	Adão	Sete	Enos	Cainã	Maalalel	Jarede	Enoque	Matusalém	Lameque	Noé
0	0	-	-	-	-	-	-	-	-	-
130	130	0	-	-	-	-	-	-	-	-
235	235	105	0	-	-	-	-	-	-	-
325	325	195	90	0	-	-	-	-	-	-
395	395	265	160	70	0	-	-	-	-	-
460	460	330	225	135	65	0	-	-	-	-
622	622	492	387	297	227	162	0	-	-	-
687	687	557	452	362	292	227	65	0	-	-
874	874	744	639	549	479	414	252	187	0	-
1.056	-	-	821	731	661	596	-	369	182	0
1.556	-	-	-	-	-	-	-	869	682	500

Como Noé gerou Sem **aproximadamente**[51] com quinhentos anos, ele não consta nessa tabela. O dilúvio veio posteriormente, cem anos depois, quando Noé tinha seiscentos anos de idade (Gn. 7:11), ou seja, de Adão até o dilúvio se passaram 1.656 anos.

Baseado nos dados dessa tabela é possível saber em que ano cada pessoa morreu e quem alcançou em sua devida idade quando morreu. Basta usar como referência a idade máxima dessa pessoa, subtraí-la com os anos que já viveu, e somar esse valor com os anos que já se passaram cronologicamente, e depois aplicar esse valor com o nascimento do último descendente.

---

[51] Sem tinha 98 anos quando saiu da arca, e isso porque ele gerou Arfaxade com 100 anos e dois anos após o dilúvio (Gn. 11:10). Se Noé tinha 600 anos quando veio o dilúvio (Gn. 7:11-12), sendo que o dilúvio durou aproximadamente um ano, isso significa que Sem tinha 97 anos quando se iniciou o dilúvio, e Noé teria praticamente 503 anos quando o gerou.

De acordo com esse cálculo temos os seguintes resultados:

- Adão morreu no ano 930 e alcançou no máximo a Lameque com 56 anos.

- Sete morreu no ano 1042 e alcançou no máximo a Lameque com 168 anos.

- Enos morreu no ano 1140 e alcançou no máximo a Noé com 84 anos.

- Cainã morreu no ano 1235 e alcançou no máximo a Noé com 179 anos.

- Maalalel morreu no ano 1290 e alcançou no máximo a Noé com 234 anos.

- Jarede morreu no ano 1422 e alcançou no máximo a Noé com 366 anos.

- Enoque foi tomado por Deus no ano 987 e alcançou no máximo a Lameque com 113 anos.

- Matusalém morreu no ano 1656, no ano do dilúvio, e alcançou no máximo a Sem com aproximadamente 98 anos.

- Lameque morreu no ano 1651 e alcançou no máximo a Sem com aproximadamente 94 anos.

- Quando Lameque tinha 30 anos de idade todos os seus antepassados, incluindo Adão, ainda estavam vivos, e contabilizavam nove gerações preservadas.[52]

Paralelamente a essa genealogia cronológica podemos incluir de forma complementada também a de Sem, o filho mais velho de Noé, até José, usando os mesmos métodos de medidas.

---

[52] Seria espantoso nos dias de hoje olhar para as gerações passadas e ver oito gerações anteriores. É fascinante pensar na quantidade de conhecimentos adquiridos dentro de quase mil anos de vida e na transmissão deles de uma forma coletiva entre parentes que podem compartilhar diferentes experiências aprendidas em gerações diferentes; por exemplo: Adão desenvolveu um método para obter luz em sua habitação. Ele mesmo poderia sofisticar esse método por causa da imensa longevidade, e ainda mais os outros descendentes, considerando a imensa longevidade deles e o que foi passado desde Adão. O interessante nesse caso é que Adão estaria vivo no decorrer desse andamento, diferente do cientista X que melhorou o trabalho do cientista Y quando este morreu. Assim, Adão poderia contemplar o desenvolvimento de sua ideia.

GENEALOGIA CRONOLÓGICA DE SEM ATÉ JOSÉ

Idades máximas	600	438	433	464	239	239	230	148	205	175	180	147	110
Chronos	Sem	Arfaxade	Selá	Éber	Pelegue	Reú	Serugue	Naor	Tera	Abraão	Isaque	Jacó	José
1658	100	0	-	-	-	-	-	-	-	-	-	-	-
1693	135	35	0	-	-	-	-	-	-	-	-	-	-
1723	165	65	30	0	-	-	-	-	-	-	-	-	-
1757	199	99	64	34	0	-	-	-	-	-	-	-	-
1787	229	129	94	64	30	0	-	-	-	-	-	-	-
1819	261	161	126	96	62	32	0	-	-	-	-	-	-
1849	291	191	156	126	92	62	30	0	-	-	-	-	-
1878	320	220	185	155	121	91	59	29	0	-	-	-	-
1948	390	290	255	225	191	161	129	99	70	0	-	-	-
2048	490	390	355	325	-	-	229	-	170	100	0	-	-
2108	550	-	415	385	-	-	-	-	-	160	60	0	-
2199	-	-	-	-	-	-	-	-	-	-	151	91	0
2229	-	-	-	-	-	-	-	-	-	-	-	121	??

De acordo com essa tabela e com o tipo de cálculo já citado, podemos chegar às seguintes conclusões:

- Noé morreu no ano 2006, quando Abraão tinha 58 anos.

- Sem morreu no ano 2158 e alcançou no máximo a Jacó com 50 anos.

- Arfaxade morreu no ano 2096 e alcançou no máximo a Isaque com 48 anos.

- Selá morreu no ano 2126 e alcançou no máximo a Jacó com 18 anos.

- Éber morreu no ano 2187 e alcançou no máximo a Jacó com 79 anos.

- Pelegue morreu no ano 1996 e alcançou no máximo a Abraão com 48 anos.

- Reú morreu no ano 2026 e alcançou no máximo a Abraão com 78 anos.

- Serugue morreu no ano 2049 e alcançou no máximo a Isaque com 1 ano.

- Naor morreu no ano 1997 e alcançou no máximo a Abraão com 49 anos.

- Tera morreu no ano 2083 e alcançou no máximo a Isaque com 35 anos.

- Abraão morreu no ano 2123 e alcançou no máximo a Jacó com 15 anos.

- Isaque morreu no ano 2228 e alcançou no máximo a José com 29 anos.

- Jacó morreu no ano 2255 e alcançou no máximo a José com 56 anos.

- José morreu no ano 2309 e é desconhecido quem ele alcançou ao máximo, embora tenha alcançado seus bisnetos (Gn. 50:23).

- Quando Abraão tinha 30 anos de idade todos os seus antepassados, incluindo Sem, ainda estavam vivos, contabilizando dez gerações preservadas numa mesma época.[53]

Quando estão em jogo duas genealogias cronológicas com elevadas longevidades, juntamente a isso temos um período de tempo e realidade onde conexões entre descendentes longínquos era possível, o que difere bastante da nossa realidade nesse contexto, já que dificilmente alguém tem o privilégio de ver seus bisnetos.

A era pré-diluviana carregava em si mesma muitos aspectos da vida e da sociedade que foram reservados somente para ela, como é o caso do mundo físico da época, das pessoas verem várias gerações à sua frente e de haver um único idioma universal (ver Bônus: Curiosidades: perguntas e respostas — Questão 3). É uma lástima que uma era recheada de curiosidades tenha sido varrida por causa da dureza e maldade do coração do homem, como veremos no capítulo 4.

---

[53] Abraão é um outro exemplo de olhar para trás e ver várias gerações anteriores. A longevidade de Sem, embora sendo menor que a de seus antepassados, foi o suficiente para deixá-lo vivo mesmo após a morte de Abraão com 175 anos, sendo o décimo da genealogia. Isso é impressionante e mostra como o ser humano regrediu geneticamente e biologicamente.

Capítulo 4

O FIM DO MUNDO PRÉ-DILUVIANO

A distorção causada pelo pecado

A palavra de Deus nos diz claramente que o salário do pecado é a morte (Rm. 6:23). Essa morte em sua pior faceta revela o descaso do homem com o propósito de seu Criador, e revela a desconexão que ela gera em ambos quando o pecado toma lugar no coração do homem. O pecado possui a capacidade de corromper e distorcer aquilo que é bom aos olhos de Deus, aquilo que atinge a esfera espiritual, moral e civil.

A partir de Gênesis 6:5–6 temos um gritante exemplo de corrupção e distorção de toda uma realidade, onde a tonalidade bíblica desse acontecimento se tornou única: 5 – *"Viu o SENHOR que era grande a maldade do homem na terra, e que toda a imaginação dos pensamentos de seu coração era má continuamente"*; 6 – *"Então arrependeu-se o SENHOR de haver feito o homem na terra, e isso lhe pesou no coração"*.

Nessa passagem há uma tônica única no que tange à rebeldia humana, pois é a única passagem bíblica que revela a tristeza de Deus num contexto onde Ele tem um peso dela em seu coração, pois não foi isso que Ele projetou para o homem. Possivelmente por causa disso, esse foi o **tempo**[54] em que o ser humano atingiu o maior pico de maldade de todos os tempos, mesmo com o próprio Cristo afirmando que a iniquidade se multiplicaria nos últimos dias (Mt. 24:3–14), o que não inibe o possível fato do maior pico de maldade ter acontecido no tempo pré-diluviano.

Mais para a frente, em Gênesis 6:11–13, temos um vislumbre da realidade que contribuía para a grande tristeza de Deus. Essa passagem demonstra que o nível de depravação espiritual, moral e civil era altíssimo, e sucumbia-se principalmente, de acordo com o destaque especial bíblico, na forma de violência.

---

[54] O tempo antediluviano com todas as suas vis implicações e a arca de Noé afunilaram uma importante mensagem messiânica. O dilúvio foi também um meio de Deus demonstrar o propósito conivente ao futuro Messias, pois uma única família remanescente e salva dentre toda uma humanidade caída e corrompida demonstrava o resquício de luz em virtude do plano de salvação.

A violência do homem nessas passagens chama a atenção, pois ela é explanada pela Bíblia de uma forma que revela que aquela sociedade a praticava como um ato comum, ou seja, era praticada como uma espécie de tradição, e isso é reforçado pelas descrições específicas dos versículos 5 e 13 de Gênesis 6. No 5 temos a contínua vontade de pecar (*"e que toda a imaginação dos pensamentos de seu coração era má continuamente"*) e no 13 temos o grande número de praticantes (*"porque a terra está cheia da violência dos homens"*) em dissidência com a família de Noé, que eram os únicos vistos como justos diante de Deus (Gn. 7:1).

A violência naquele tempo foi um fator determinante para Deus enviar o dilúvio. Podemos dizer a partir daqui que havia muitos roubos, sequestros, assassinatos, brigas e agressões dos mais variados tipos possíveis, mas embora a violência tenha sido o grande destaque para a vinda do dilúvio ela não foi o único fator pecaminoso daquela realidade. As pessoas viviam uma vida de libertinagem e descaso com os caminhos de Deus de acordo com o próprio Cristo (Mt. 24:37–39), e além disso um outro possível fator daquele tempo que levou ao dilúvio, e fruto de interpretação bíblica, **seria a existência de seres humanoides gigantescos**,[55] isto é, os Nefilins descritos em Gênesis 6:4.

Essa linha de interpretação, que é a mais antiga e difundida do antigo judaísmo e da igreja primitiva, parte do pressuposto de que os "filhos de Deus" de Gênesis 6:2 seriam anjos, de natureza caída, e as "filhas dos homens" desse mesmo versículo seriam as mulheres humanas. Adiante, no versículo 4, os filhos de Deus conheceram as filhas dos homens e elas lhes deram filhos chamados de "Nefilins", ou seja, esses anjos caídos e materializados coabitaram com mulheres humanas e promoveram um hibridismo genético resultando em proles constituídas de seres humanoides gigantescos, que foram valentes e heróis de renome no tempo antediluviano, como diz o restante do versículo.

No livro *A conspiração do Gênesis 6*, de Gary Wayne, é citado que a compreensão da concepção de herói atual difere do contexto e entendimento

---

[55] Em Gênesis 6:4 diz: "Havia, naqueles dias, gigantes na terra; e também depois". A perspectiva do autor do Gênesis, que foi Moisés, configura duas concepções de tempo diferentes nesse versículo. Quando ele diz "Havia, naqueles dias", o autor se refere ao tempo antediluviano, pois Moisés viveu na época da peregrinação de Israel. Quando ele diz "e também depois", há um salto cronológico que se refere a um tempo pós-diluviano, e isso porque a concepção de gigante, à luz de algumas passagens do Pentateuco (Nm. 13:27–33, Dt. 1:26–28, 2:9–11, 9:1–2, Js. 11:21–22, 14:15, 15:13–14), se refere a homens de grande estatura, então ele trabalha essa concepção de gigante jogando ela para o tempo antediluviano. Uma questão intrigante é a respeito de como esses gigantes pós-diluvianos surgiram, mesmo após o envio do grande dilúvio. Considerando essa interpretação, será que anjos caídos se rebelaram novamente promovendo um hibridismo?

da concepção de herói das épocas antigas, quando a ideia de herói estava fixada em algo sobre-humano, no que seria hoje a figura de super-heróis fictícios como Superman ou Lanterna Verde. A citação dos Nefilins no versículo 4 é retratada por Gary como algo inusitado e inexplicável, por ser algo misterioso que está em ligação com o desenvolvimento da narrativa que vai definir os motivos de Deus enviar o grande dilúvio (1. ed., Deep River Books, 2014, p. 18). Isso certamente abre brechas para uma devida suspeita sobre o que essa passagem define, pois ela parece tratar de algo incomum ou extraordinário.

Essa interpretação é uma de quatro possíveis para essa passagem de Gênesis, as quais serão vistas adiante, mas para a citada interpretação anterior ter uma certa consistência ela precisa atender a alguns requisitos bíblicos e possivelmente arqueológicos:

Materialização de anjos: existem passagens que apontam para a materialização dos anjos, isto é, se transmutar do estado metafísico para o físico espontaneamente. Dessa forma não é preciso existir um meio para isso. Essas passagens são:

Gênesis 16:7–10: nessa passagem um anjo de Deus indaga Agar por ter fugido de Sara. Agar demonstra conversar normalmente com ele, como se fosse uma pessoa. Em outras passagens, como Daniel 10:1–12, Mateus 28:1–4, Lucas 1:8–13 e 2:8–9, é demonstrado o contato de seres humanos com a forma gloriosa dos anjos, resultando em um medo e temor provocado como reação, como aconteceu com Daniel, os soldados romanos, Zacarias (pai de João Batista) e os pastores. Podemos concluir que no caso de Agar o anjo se materializou.

Gênesis 19:1–22: os dois anjos convidados e recebidos por Ló em sua casa **comeram pães ázimos,**[56] foram vistos como homens formosos e cobiçados sexualmente pelos homossexuais de Sodoma (o que não aconteceria com um anjo em sua forma gloriosa), e pegaram nas mãos de Ló e de seus familiares para os auxiliar na fuga de Sodoma. Tudo isso permite concluir que esses anjos também se materializaram.

Anjos que se deslocaram da presença de Deus e se relacionaram de forma não natural:

Judas 1:6–7: fala de anjos que não guardaram o seu principado, mas deixaram a sua própria habitação, isto é, o Céu. Eles foram reservados em

---

[56] Quando seres metafísicos como os anjos ou o próprio Senhor se materializam para ter contato com o mundo natural, parece que há também uma interação por parte deles relacionada às nossas necessidades, como comer (Gn. 18:1–8). Nesse caso para eles não seria uma necessidade física, mas uma espécie de interação.

prisão de escuridão, até o juízo do Grande Dia. No versículo 7 há a menção da corrupção de Sodoma e Gomorra se corrompendo como "aqueles". Esse "aqueles" se refere ao sujeito do versículo 6, ou seja, aos anjos que se corromperam. A corrupção de Sodoma e Gomorra nesse caso é identificada em "ir após outra carne", o que significa uma relação antinatural demonstrada pelo homossexualismo que acontecia lá, fato evidenciado após os sodomitas tentarem ter relações forçadas com os anjos materializados e Ló (Gn. 19:4–9).

Isso demonstra que a corrupção desses anjos nesse caso seria também em "ir após outra carne", ou seja, se relacionar com seres não correspondentes à sua natureza, de uma forma rebelde, assim como em Sodoma e Gomorra, isto é, homem com homem.

A conclusão que se pode tirar é que essa passagem aponta para os **anjos celestiais**[57] que deixaram a sua própria habitação na presença de Deus e se corromperam se relacionando com seres não correspondentes, que de acordo com a citada linha interpretativa seriam mulheres humanas.

Achados arqueológicos de gigantes: existem inúmeros relatos de achados de vestígios de gigantes, e aqui serão destacados relatos mais concretos:

1. De acordo com um relatório publicado no *The New York Times* em 4 de maio de 1912, 18 esqueletos gigantescos, enterrados em carvão e argila cozida, foram encontrados no Lago Delavan, em Wisconsin (EUA). A descoberta foi realizada pelos irmãos Phillips durante a escavação de um túmulo. Eles puderam presumir que as ossadas pertenciam a uma raça específica de seres humanoides que habitaram o local.

2. Em 1931 um ex-médico de Cincinnati (EUA), F. Bruce Russell, anunciou que havia descoberto uma série de túneis e cavernas sob o Vale da Morte da Califórnia, no deserto de Mojave. Em seguida resolveu com o seu colega Daniel S. Bovee explorar as cavernas extensivamente. Posteriormente eles encontraram vários esqueletos humanos com cada um tendo 2,7 metros de altura. Russel externou o relato a Howard E. Hill e após ele contou a história em uma reunião do Clube de Transporte de Los Angeles, e esse

---

[57] Existe a possibilidade desses anjos serem especificamente uma classe que se rebelou seguindo o exemplo de Satanás e seus anjos, ou seja, eles vieram se rebelar após a queda de Satanás, ou são anjos que caíram com ele e tiveram acesso ao mundo natural de alguma forma, promovendo um hibridismo para corromperem a linhagem humana em virtude do futuro Messias que viria.

grande achado foi relatado e publicado no *The San Diego Unión* em 4 de agosto de 1947. Informações correlacionadas com esse caso sugerem que os restos esqueléticos foram mumificados.

3. Em 2015 foram encontrados restos gigantes em Varna, Bulgária. Varna já foi a cidade grega de Odessos na antiguidade. Nela havia um importante polo comercial e a mitologia de Odessos era abundante e marcada por histórias de gigantes. Quando um suposto esqueleto humano gigante foi encontrado nela, em janeiro de 2015, os pontos mitológicos e culturais foram ligados. O esqueleto foi encontrado com as mãos colocadas na cintura e a cabeça virada para o leste. Escavadores e investigadores acreditam que ele foi colocado nessa posição de propósito, indicando que possivelmente ele tinha alguma importância no momento de sua morte e enterro.

4. No Equador, em 1964, o padre Carlos Vaca foi convidado pelas pessoas a conferir alguns ossos estranhos que haviam sido descobertos. Eles eram curiosamente acima da média de tamanho de um ser humano normal. O padre, surpreendido, tirou alguns ossos da montanha e os levou para sua casa, permanecendo ali até a sua morte. Anos depois, o pesquisador austríaco Klaus Dona recebeu permissão para levar os ossos de volta com ele para a Áustria a fim de serem examinados e expostos, e para tentar obter alguma resposta. Klaus afirmou que vários especialistas examinaram os ossos e que eles pareciam ser de "humanos". Pelo tamanho dos ossos, Klaus estima que a pessoa a que pertenciam possuía 7,6 metros de altura. Obviamente não eram ossos de um ser humano, nesse caso.

5. Ivan T. Sanderson, um renomado zoólogo, recebeu uma carta em 1940 durante a Segunda Guerra Mundial de um engenheiro que trabalhava em Shemya, nas Ilhas Aleutas, que se situam no mar de Bering. Na época os EUA estavam usando a ilha como base para o possível, e posteriormente eventual, conflito com o Japão, e no processo de construção de pistas de pouso fizeram uma descoberta bizarra: um cemitério de ossos humanos. Mas esses restos eram quase três vezes maiores que um adulto humano padrão, que consideravelmente tem 1,8 m de altura. Os crânios mediam entre 56 e 61 cm de cima para baixo, sendo que a média humana é de 20 cm. Sanderson afirmou que recebeu uma segunda carta de um outro membro da unidade, que confirmou o achado e tornou legítima a segunda carta.

Houve várias supostas pegadas gigantes fossilizadas encontradas em todo o mundo. Talvez, a mais conhecida seja a "Pegada de Goliath", em Mpaluzi, na África do Sul, que é uma cidade próxima à fronteira com a Suazilândia. A pegada tem 1,2 metros de comprimento e parece combinar perfeitamente com um pé humano, indicando através de suas saliências que ela foi feita na lama. Outras pegadas de proporções gigantescas foram descobertas. Em 1925, no rancho John Bunting perto de San Jose foi encontrada uma pegada de 2,5 metros de comprimento. No ano seguinte o *The Oakland Tribune* publicou uma história sobre pegadas de 1,5 metros em cima de um penhasco em San Jose, Califórnia. Em resumo, através desses indícios e evidências, podemos dizer que gigantes existiram na Terra, e que não foram fruto de reprodução puramente humana.

Essa interpretação atende a requisitos que de certa forma a tornam robusta e tenaz. Ela preenche a lacuna da materialização dos anjos, da relação antinatural desses anjos, e da consequência dela, que seria um hibridismo gerando uma anomalia genética na linhagem humana, sendo a possível resposta para os achados arqueológicos de gigantes humanoides. O apóstolo Paulo parece corroborar essa interpretação quando escreveu **1 Coríntios 11:3–10**,[58] falando da representação do véu como sinal de autoridade do homem.

A segunda linha de interpretação entende que os "filhos de Deus" seriam os descendentes de Sete, que foi o ramo da genealogia adâmica que preservou a devoção e a adoração a Deus, contrastando com as "filhas dos homens", que seriam do ramo genealógico a partir de Caim, que perverteu a sua conduta de vida em rebelião a Deus.

Os descendentes de Sete ficaram possivelmente intoxicados com a formosura dessas mulheres e se casaram com as que eles quiseram, vivendo uma vida em conflito com sua retidão por causa do caminho contraditório a Deus por parte dessas mulheres. Essa interpretação é citada no livro pseudepígrafo *Conflito de Adão e Eva com Satanás*.

Essa linha interpretativa possui alguns reforços e questionamentos cabíveis a ela. Um reforço notável é que **anjos são assexuados e não praticam relação sexual**,[59] pois é algo de sua própria natureza, e isso é dito

---

[58] Essa passagem em Coríntios possui interpretações diferentes por parte dos teólogos. A possível ideia por detrás do que Paulo esteja se referindo, talvez se encaixe melhor nesta primeira interpretação citada, pois é a mais aceita e difundida do antigo judaísmo que certamente influenciou estudiosos rabinos e mestres da Lei na época de Jesus, pois Paulo era fariseu e aprendiz de Gamaliel, um notável mestre da Lei (At. 5:34, 22:3).

[59] Os seres humanos possuem condição sexuada porque foram criados por Deus para se reproduzirem (Gn. 1:28), e isso por causa da condição material que temos. Os anjos foram criados em outro plano de existência, são seres imortais e não possuem progenitores como nós, porque foram criados sem dependerem de reprodução.

pelo próprio Cristo (Mt. 22:30). Isso iria contra a ideia de que eles teriam tido relações com mulheres em Gênesis 6, mas eles podem se materializar e interagir conosco como visto anteriormente. O que significa que seria possível de certa forma eles terem relação sexual, mesmo sendo seres assexuados, ou seja, eles não se relacionam sexualmente por causa de sua natureza, mas não significa que não possam.

Seguindo essa lógica, Satanás e seus anjos teriam a possibilidade de se materializarem e se relacionarem sexualmente também, pois são anjos caídos, mas aí tem o seguinte ponto: existe uma diferença entre materialização angelical, exemplificada anteriormente, e manifestação demoníaca. A materialização de anjos nesse caso é algo que os anjos fazem espontaneamente, isto é, eles controlam essa transmutação do metafísico para o físico, diferente da manifestação de um ou mais demônios, que requer rituais, pactos ou invocações para eles se manifestarem, prática feita por adeptos do satanismo ou magia negra.

Isso significa que os anjos celestiais, ou que não seguiram a Satanás, possuem um acesso ao nosso mundo que é mais amplo e controlado, diferente dos demônios, que requerem de seus adeptos e seguidores práticas ritualísticas para serem invocados, ou seja, não possuem o mesmo acesso dos anjos do Senhor.

Se os "filhos de Deus" são anjos, a probabilidade maior é que foram anjos de Deus materializados, mas que caíram de seu estado original, considerando que na passagem original hebraica temos "benai elohim", alusão mais clara nesse caso a anjos de Deus, como em Jó 1:6 e 2:1. Nesse caso a designação deles como filhos de Deus não corresponde ao estado original em que foram criados, mas à origem deles, que é celestial, isto é, são anjos caídos.

Seguindo adiante nessa linha interpretativa há um questionamento cabível dentro da área arqueológica e que se torna inexplicável para essa interpretação. Dados os vestígios e ossadas de seres gigantes e com aspecto humano encontrados, isso seria um problema para essa interpretação, pois num contexto biológico e genético seria impossível na linhagem e genealogia humana serem reproduzidos gigantes bem maiores que o padrão humano, se de acordo com essa interpretação não houve nada de anormal na história da reprodução humana.

Uma possível, ou não, resposta para esse problema é que esses vestígios seriam de seres humanos antediluvianos que viviam num período em que a pressão atmosférica e a quantidade de oxigênio eram maiores, como mostrado no capítulo 3, fazendo seus tamanhos serem maiores que os atuais humanos pós-modernos. Mas a diferença de tamanho em alguns casos é gritante e enorme, como, por exemplo, pegadas que variam de 1,2 m a 2,5 m de comprimento, ossos que apontam para alguém com 7,6 m de altura, e restos de ossos de "humanos" com o triplo do tamanho médio de um humano legítimo, exemplos citados anteriormente.

O problema disso é que esses achados vestigiais de gigantes possuem uma dimensão muito acima do padrão biológico humano de hoje, podendo não ser essa a resposta para essas anormais evidências que apontam para um evento não natural.

Isso dificulta a ideia de que esses achados seriam de humanos pré-diluvianos, mesmo num mundo onde as proporções de tamanho dos seres vivos seriam maiores devido à maior abundância de oxigênio, a exemplo da Megafauna citada no capítulo 3. Um outro problema é que, devido ao impacto catastrófico do dilúvio, seria quase impossível preservar em abundância tantos vestígios e evidências daquele mundo, **embora isso seja possível.**[60]

Uma conclusão possível é entender que os achados arqueológicos de gigantes apontam mais para algo não natural do que algo originado dentro da reprodução humana, afinal eles existem a partir de algum motivo. A segunda interpretação citada parece não responder a esses vestígios misteriosos de seres gigantes.

Ainda de acordo com o livro de Gary Wayne, *A conspiração de Gênesis 6*, há a citação por especulação do quão grande poderiam ter sido os gigantes antediluvianos em comparação com dois gigantes pós-diluvianos descritos pela Bíblia: o famoso Golias (1 Sm. 17:4) e Ogue, rei amorreu de Basã (Dt. 3:11).

Segundo Gary, os gigantes antediluvianos ou Nefilins, ao se misturarem com a humanidade, diluíram biologicamente com o tempo seu tamanho

---

[60] Existem ruínas subaquáticas na costa do Japão encontradas em 1987 por um mergulhador em um local próximo da ilha de Yonaguni, na costa das ilhas Ryukyu. Kihachiro Aratake fez essa descoberta, a qual ganhou os nomes de "Ruínas de Yonaguni" ou "Monumento Yonaguni", estrutura com 50 metros de comprimento e 20 metros de largura, lembrando uma pirâmide retangular. São geralmente datadas dentro de um limite máximo de 8.000 anos, isto é, os cálculos as tornam mais antigas do que as pirâmides do Egito e a antiga civilização sumeriana. Além disso essas estruturas possuem traços que evidenciam fortemente que foram artificialmente construídas, considerando que têm formas com contornos geométricos, que segundo ponderações feitas por estudos seriam de uma civilização avançada. Considerando essas características, somadas com o fato dessas estruturas estarem submersas, pode ser um forte indicativo de uma construção antediluviana, pois eles provavelmente tinham uma capacidade intelectual elevada, a exemplo de Caim, que fundou uma cidade (Gn. 4:17).

e força, resultando em uma queda de tamanho com o passar do tempo até chegar a Ogue e Golias (p. 50.), entre outros citados pelos próprios israelitas (Nm. 13:32–33). Essa queda biológica talvez esteja ligada ao fato da transição através do dilúvio permitir um mundo menos propício à longevidade e sobrevivência, se tornando mais hostil e árduo e sendo a resposta para a possível queda do tamanho médio do homem, citado anteriormente, e da redução gradual das idades pré-diluvianas, referida no capítulo 3.

Voltando às linhas interpretativas, uma terceira linha postula que "elohim", no hebraico, significa literalmente poder, e que nesse caso não seria algo sobre-humano, mas algo relativo à autoridade de governos terrestres. Assim, os filhos de Deus em Gênesis 6 seriam pessoas com **prestígio, poder, riquezas e autoridade.**[61]

Embora "elohim" normalmente seja relativo a Deus, o termo pode se referir a anjos (Sl. 8:5, 82:1), deidades (Gn. 35:2, Ex. 18:11, Jz. 11:24, Jó 1:6, 1 Re. 11:5, Sl. 8:5) ou magistrados (Ex. 21:6, 22:8, 1 Sm. 2:25), demonstrando primariamente ser algo ligado exclusivamente a poder, dignidade, honra e glória.

Ainda que nessa interpretação seja coerente dizer que o sentido de "elohim" seja ligado aos filhos de Deus, por causa das proles que são descritas em Gênesis 6:4 como varões de renome da antiguidade, um possível questionamento cabível é que na época pré-diluviana certamente havia governantes ou homens de poder que não temiam ou eram devotos a Deus.

Nesse caso a atribuição a eles como os "filhos de Deus" seria incoerente, ainda mais considerando que "elohim", de uma forma primária, faz alusão a Deus. Uma resposta para isso seria que esses filhos de Deus seriam especificamente pessoas tementes a Deus que ocupavam cargos de autoridade e que se relacionaram com mulheres humanas, o que não favorece muito essa interpretação, já que Noé como preservador da devoção a Deus vivia certamente separado dos conceitos, costumes e práticas pecaminosas daquela sociedade, e a Bíblia afirma que ele andava com Deus (Gn. 6:9).

Assim, seria complicado considerar que ele e outros descendentes da linhagem de Sete que temiam veementemente a Deus tivessem ocupado posições de "valor" e "prestígio" para aquela sociedade absolutamente morta em práticas pecaminosas. A Bíblia trata e revela a distinção que havia entre

---

[61] Na analogia de Jesus a respeito dos dias de Noé, ele afirma que as pessoas se casavam e davam-se em casamento (Mt. 24:37–39). Isso pode indicar que alguns casamentos eram feitos sob estratégias de obtenção de poder e/ou estabilidade social.

essa linhagem de justos e ímpios, citada no capítulo 1: "A consequência da ambição", que é reforçada através de Cristo pelo envio do dilúvio (Mt. 24:37–39).

Uma cabível conclusão é que como de certa forma é incompatível os filhos de Deus serem governantes ou homens de poder que teriam contato com o sistema político daquela época, essa interpretação parece deixar mais lúcido que Gênesis 6:4 trata de um fato fora de normalidade, condizendo com o **preâmbulo**[62]da narrativa diluviana, ou seja, com os eventos desencadeados que possibilitaram o envio do dilúvio, como já citado anteriormente.

A quarta e última interpretação diz que os filhos de Deus são os 70 filhos de El e Atirate, sendo El o "supremo deus criador" canaanita. Na tradição cananeia do Ugarite, antiga cidade portuária situada no norte da Síria, El é marido da "deusa" Aserá e se juntou a Atirate. A partir de então os 70 filhos geraram 70 nações na terra por causa do casamento destes com as titânides ou "filhas dos homens" de Gênesis 6:4, tendo consequentemente cidades ou pessoas adorando a sua própria "divindade", com quem tinham um pacto especial. Essas populações antigas nesse caso representariam os "varões de renome" desse mesmo versículo.

O problema nessa linha interpretativa é que essa passagem de Gênesis 6:4 parte de uma construção da narrativa dos primórdios da humanidade numa visão e perspectiva judaica, sendo esta aqui referida uma visão canaanita e pagã, para os moldes judaicos. Por causa disso essa interpretação certamente não tem nada a ver com a Bíblia, cujo livro de Gênesis apresenta claramente Deus como Criador e supremo construtor de toda a expansão da história contida em Gênesis e nos demais livros. Essa linha de interpretação é nesse caso a mais frágil e improvável de todas.

Como em Gênesis 6:4 a Bíblia não revela com clareza e precisão o que seriam os "filhos de Deus" e os "varões de renome", nos resta nos conformarmos com aquilo que ela apresenta e respeitar até onde ela diz o que está claro. A partir daí qualquer ideia ou interpretação que vá além deve ser tratada como possibilidade.

Algumas vão ser mais prováveis e outras menos prováveis. Das quatro interpretações citadas anteriormente, a segunda, que postula que os "filhos

---

[62] Os fatos antecedentes ao dilúvio, caso fossem explicados por explicações naturais que tendem à normalidade, provavelmente não seriam suficientes para preencher um campo de iniquidade à altura do juízo por meio de um dilúvio. O dilúvio foi um juízo à altura de acontecimentos "extranaturais", o que teria uma agravante que seria a existência de gigantes, que de acordo com os que defendem essa linha seriam prejudiciais para o homem e a linhagem humana, mas para outros teólogos a maldade do homem seria a única agravante.

de Deus" são descendentes de Sete, é a mais aceita dentro do consenso teológico contemporâneo, embora na opinião deste autor e de outros estudiosos a primeira seja a mais robusta e concreta entre elas.

Adentrando o término deste tópico do capítulo 4, foi visto como o pecado corrompe e corrói o desígnio de natureza e comportamento que Deus projetou no homem, algo que é real e comum nos dias de hoje. Como Deus engloba em sua natureza a sua santa justiça, buscaremos ver no próximo tópico o planejamento dela na forma de dilúvio e como ela é justa e perfeita.

O anúncio de um recomeço

Um completo caos reinava na Terra. A palavra de Deus nos dá um detalhe em Gênesis 6:11, que classifica de forma específica como andava a realidade naquele tempo, quando afirma que a terra estava "corrompida à vista". Nesse caso é como se alguém olhasse para aquela realidade e não visse nada além de corrupção e desordem na esfera espiritual, social e moral. Alguns adeptos da primeira interpretação citada no tópico anterior entendem que a existência dos possíveis gigantes no tempo antediluviano, ou "Nefilins", foi um motivo especial para Deus enviar o grande dilúvio, pois eles corromperiam e degenerariam a linhagem humana diante do Messias que viria.

De qualquer forma, a realidade estava tão obscurecida pelo pecado que somente oito pessoas **dentre possíveis milhões**[63] foram salvas do dilúvio. Esse fim em forma de dilúvio não parte de uma vontade de Deus ligada ao ato de querer destruir, mas de uma intervenção de sua parte com

---

[63] A população mundial na era pré-diluviana provavelmente atingiu a casa das centenas de milhões ou até mesmo bilhões de pessoas. Os fundamentos que podem ser utilizados para gerar base nisso são: 1) Na antiguidade era normal alguém ter vários filhos, o que condiz historicamente com a cultura dos povos do Oriente Médio. 2) Como a longevidade era alta e era possível alguém ver vários descendentes à sua frente, isso seria favorável para ter muitos indivíduos vivos numa mesma época, porque o fator mortalidade nesse caso não produziria um equilíbrio entre quem nascia e quem morria. Por exemplo: se a média de vida é de 70 anos, e após essa média morreram 50 indivíduos e nasceram 100 em 1 minuto, isso significa que se a média fosse de 700 anos nasceriam 1.000 indivíduos enquanto 50 morreriam em um minuto, ou seja, a altíssima longevidade favoreceria que muito mais indivíduos estivessem vivos em correlação com a taxa de mortalidade, isto é, enquanto outros morreriam. Isso faria a densidade demográfica ser alta e estar em constante crescimento. 3) Usando os dados de 2015 a 2019, onde se obteve uma média de 2,9 milhões de nascimentos por ano no Brasil, isso daria aproximadamente 1 nascimento para cada 100 pessoas considerando uma população de 200 milhões. Como nesse contexto a média moderna é de 1 ou 2 filhos para cada família, o número de nascidos para cada 100 indivíduos seria maior na antiguidade, já que o número de filhos para cada família era bem maior. Baseado nesses dados e indícios, e levando em conta que a população mundial foi de 2 bilhões a 8 bilhões em menos de um século, pode-se chegar à conclusão de que no período antediluviano a população era composta de centenas de milhões a até bilhões de pessoas, dentro de um período que durou 1.656 anos.

a qual ele teria que intervir na história do mundo, porque a humanidade tomara uma direção que ele não havia projetado nela.

Essa direção pecaminosa que a humanidade havia escolhido não possuía limites e nada apontava para um impasse ou empecilho que pudesse refrear essa contínua vontade de pecar, que se destacava na forma de violência, como já dito no primeiro tópico deste capítulo. Assim, a intervenção justa de Deus na forma de dilúvio foi extremamente necessária, e isso foi precedido de um "arrependimento", de acordo com o seguinte versículo: "*Então arrependeu-se o Senhor de haver feito o homem sobre a terra, e pesou-lhe em seu coração*" (Gênesis 6:6).

Poderia Deus se arrepender de um "erro", que nesse caso seria a criação do homem, sendo Ele onisciente? Nós nos arrependemos de certas coisas porque erramos, e nos arrependemos porque não é possível para nós vermos no futuro as consequências de nossos erros. Deus sendo onisciente não pode se arrepender porque Ele já enxergaria o erro, e claramente aqui nesse versículo não se trata de um arrependimento por causa de um erro, como seria na nossa concepção atual, mas na realidade esse arrependimento se traduz no sentido de lamento.

O restante do versículo corrobora isso quando diz que "pesou-lhe em seu coração". Isso significa que o homem definitivamente se desviou de Deus, a ponto de o próprio Deus lamentar essa realidade e ficar com o coração pesado de lamento e tristeza, sendo, como já dito, a única passagem bíblica que enfatiza o lamento de Deus dessa forma. Deus, acoplando em sua natureza a justiça e sendo totalmente santo em sua essência, não via outro jeito senão enviar um fim a essa realidade na forma de dilúvio, assim traduzindo o seu profundo lamento.

Ao contrário do que muitos podem pensar, Deus não enviou o dilúvio como forma de medir a sua ira, mas de revelar a sua justiça e bondade, bondade essa que mais tarde permitiria à humanidade um recomeço através dos três filhos de Noé. É em meio a esse total caos que veio o anúncio da parte de Deus a Noé decretando o fim dos seres vivos, ou do mundo antediluviano (Gn. 6:13).

Noé e sua família certamente não tinham uma vida fácil. Eles constantemente, diariamente se posicionavam em sua devoção a Deus quando se deparavam com uma sociedade que louvava o pecado e a violência. Se considerarmos que os descendentes de Sete tiveram filhos e filhas, assim como diz Gênesis 5, e compararmos com os únicos que preservaram a devoção a Deus, que foram Noé e sua família, podemos chegar à conclusão de que muitos da linhagem do próprio Sete se apostataram dos caminhos do Senhor.

Possivelmente foi por esse motivo que Noé decidiu ter filhos somente com aproximadamente **500 anos de idade**,[64] diferente dos seus antepassados. Isso agrava ainda mais a situação de conflito devocional e espiritual que Noé e seus familiares certamente estavam vivendo, pois além de terem que lidar com pessoas ímpias eles teriam agora que lidar com apóstatas da mesma fé.

Quando Noé recebeu a ordem de Deus para construir a arca, ele talvez tenha se sentido impactado, não no sentido de amedrontamento, mas pelo teor desafiante daquilo que ouviu da parte de Deus. Primeiro porque seria um evento inédito em escala mundial que marcaria o fim daquele período, em segundo lugar porque provavelmente ele nunca tinha realizado um grande projeto de engenharia e construção como uma arca daquele tamanho.

E, em terceiro lugar, pelo fato de lidar com a preservação das espécies de animais: haveria muitos casais numa estrutura que deveria ter mantimentos herbívoros para eles (Gn. 6:13–22), pois se fossem carnívoros ficaria inviável essa preservação, considerando que eles ficaram praticamente um ano e dez dias na arca (Gn. 7:11–16, 8:13–14).

Em Hebreus 11:7 temos a confirmação da obediência e temor de Noé quanto a essa ordem de Deus: pela fé, Noé, divinamente instruído acerca de acontecimentos que ainda não se viam e sendo temente a Deus, aparelhou uma arca para a salvação de sua casa; pela qual condenou o mundo e se tornou herdeiro da justiça que vem da fé.

Mesmo não tendo nenhuma garantia tangível daquilo que aconteceria, Noé como varão justo e íntegro reduziu qualquer possibilidade de incerteza e endireitou a sua visão nesse plano e propósito que Deus revelou a ele.

Certamente quando ele focou sua mente e coração nesse anúncio do Senhor, uma nova adaptação de realidade no âmbito mental, sentimental e de cotidiano ocorreu, o que projetava nele uma preparação anterior ao projeto de construção da arca. Ao que nos indica nas passagens de Gênesis quando

---

[64] Noé é o único da linhagem patriarcal antediluviana a ter filhos com mais de 200 anos. Ele ter filhos a partir dos 500 anos pode revelar um motivo especial para isso. Entre eles, uma probabilidade que tem base seria dizer que Noé possuía um senso de abstinência requisitado para a sua obediência a Deus em um nível profundo, ou seja, na medida em que a apostasia e o pecado cresciam abundantemente naquela época, ele se posicionava para dizer não a isso, por isso que a Bíblia afirma que ele andava com Deus (Gn. 6:9). Por já haver prováveis casos de apostasia entre os próprios descendentes diretos de Sete, possivelmente ele se conteve em uma abstinência de ter filhos até chegar aos 500 anos de idade.

fala de Noé e sua família, os familiares de Noé certamente o apoiaram e o ajudaram nesse projeto, sendo ele o patriarca e o cabeça na construção da arca, que será abordada adiante no próximo tópico deste capítulo.

O compromisso de Noé

Um novo cotidiano surgiu para Noé. Tudo começa pela descrição técnica de como seria a **estrutura**[65] da arca através da ordem do Senhor. Essa grande embarcação primeiramente seria feita da madeira de Gofer (Gn. 6:14), que representa um tipo específico de madeira, como consta nessa descrição. A palavra "Gofer" não está registrada em nenhum outro lugar da Bíblia, sendo não usada na língua hebraica e por isso disputada pelo seu significado.

Traduções diferentes da Bíblia como solução definem "madeira de Gofer" (KJV, ESV) ou "madeira de cipreste" (NVI, NLT), "cedro" (ISV) ou simplesmente "madeira" (CEV, GNB). A palavra "Gofer" é única por ser uma transliteração, e não uma tradução, isto é, é citada para soar como seria na língua original, a exemplo de "Aleluia", que no original hebraico é *Hallel* = Louvor, *Jah* = Deus, sendo se fosse traduzida "Louvado seja Deus". Como "Gofer" não é usada na língua hebraica, fica difícil saber em que idioma ela se origina de fato, e talvez Gofer não seja um tipo de madeira, mas um local no período antediluviano de onde Deus ordenou Noé adquirir a madeira para a construção da arca.

De qualquer forma, a solução mais provável para definir a madeira utilizada na arca, porque não dá para saber com 100% de certeza, deve vir com a ajuda da atividade científica. Um estudo feito por estudantes da Universidade de Leicester, na Inglaterra, definiu que a madeira de cipreste teria sido a utilizada na arca, considerando a flutuabilidade do material, que seria semelhante ao pinheiro ou ao cipreste.

Além disso, partindo do pressuposto de que Noé seguiu fielmente todas as instruções de Deus, a arca teria uma possível forma retangular semelhante a uma caixa, possibilitando que ela não afundasse. O professor de engenharia naval Ricardo Pinto, da Universidade Federal de Santa Catarina (UFSC), explica que um objeto ao ser colocado na água provoca o deslocamento de certo volume.

---

[65] Como Deus é omnisciente, é correto dizer que Ele sabia quantas pessoas entrariam na arca, e por isso ordenou a construção dela de acordo com a quantidade de animais e pessoas que entrariam, de uma forma que houvesse o correto equilíbrio e balanceamento da flutuabilidade da arca, considerando a carga dela.

Para ocorrer a flutuação, o peso do volume da água deslocada pelo corpo deve ser o mesmo peso do próprio corpo. Como o cipreste possui uma madeira leve, a madeira leve seria adequada para uma fácil flutuação da arca, de acordo com Pinto. Tudo indica que a madeira utilizada na construção da arca provavelmente foi o cipreste, considerando ainda que ele é muito durável em contato com o solo, o que seria positivo para o tempo em que a arca ficou em construção, o que veremos no próximo tópico.

Seguindo adiante na descrição de Deus, ela teria compartimentos, isto é, divisões para os animais que entrariam. As sementes seriam compostas de casais, mas Deus dá um detalhe que permite uma distinção entre eles, pois seria um casal considerado impuro e sete casais considerados puros (Gn. 7:2–3).

Se Deus ordenou isso a Noé, pressupõe-se que ele já sabia da existência dessa distinção, e essa distinção nesse caso é algo originado no tempo antediluviano, e posteriormente sistematizado pela lei de Moisés (Lv. 11:1–47), assim como as ofertas e sacrifícios, citadas no tópico "A concepção de ofertar", no capítulo 2.

Observe as tabelas a seguir:

POSSÍVEL DIVISÃO DOS ANIMAIS QUE ENTRARAM NA ARCA EM CORRELAÇÃO COM A LEI DE MOISÉS:

AVES	PUROS/SETE CASAIS	IMPUROS/UM CASAL
Rola	V	
Pomba	V	
Águia		V
Quebrantosso (abutre)		V
Xofrango (águias pescadoras)		V
Açor (ave de rapina)		V
Falcão		V
Corvo		V
Avestruz		V
Mocho (ave noturna de rapina de pequeno porte)		V

		V
Gaivota		V
Gavião		V
Bufo (maior ave de rapina noturna)		V
Corvo-marinho		V
Coruja		V
Porfirião (espécie de galinhola)		V
Pelicano		V
Abutre		V
Cegonha		V
Garça		V
Poupa		V
Morcego (não classificado naquela época como mamífero)		V

GADO (ANIMAIS DE CRIAÇÃO)	PUROS/SETE CASAIS	IMPUROS/UM CASAL
Bovinos	V	
Camelo		V
Bode	V	
Cabra	V	
Carneiro	V	
Cordeiro	V	

RÉPTEIS TERRESTRES	PUROS/SETE CASAIS	IMPUROS/UM CASAL
Crocodilo		V
Lagartixa		V
Lagarto		V
Cobra		V

ANIMAIS SELVAGENS (MAMÍFEROS E INSETOS)	PUROS/SETE CASAIS	IMPUROS/UM CASAL
Querogrilo (hírax)		V
Lebre		V
Insetos quadrúpedes alados (que voam)		V
Gafanhoto	V	
Solham (espécie de gafanhoto)	V	
Hargol (louva-a-deus)	V	
Hagabe (espécie de gafanhoto)	V	
Plantígrados quadrúpedes (mamíferos terrestres)		V
Doninha		V
Rato		V
Musaranho		V
Toupeira		V
Animais que têm muitos pés (que se movem no solo ou próximo)		V
Animais quadrúpedes rasteiros (que se movem no solo ou próximo)		V
Porco		V

GÊNESIS 6:20, 7:2–3, 8, 14, 21, 23, 8:17, 19–20, 15:9–10.

ÊXODO 12:1–14.

LEVÍTICO 1:14, 11:1–47, 16:7–10, 17:3–4.

Observações:

- No contexto de Levítico 11 os animais "rasteiros" ou que se "arrastam sobre a terra" não necessariamente são répteis, como seria numa concepção moderna, mas se referem a animais que se movem no solo ou próximo dele. Exemplos: a doninha, o rato e a toupeira (Lv. 11:29–31). Os três são hoje classificados como mamíferos.

- Os animais descritos como "tendo muitos pés", em Levítico 11:42, provavelmente se referem aos Quilópodes, como a centopeia e a lacraia.

- Todas essas listas não contemplam de uma forma absoluta todos os animais que entraram na arca, mas apenas correlacionam os animais puros e impuros no contexto antediluviano com a Lei de Moisés.

Antes de fazer os compartimentos, Noé usou a dimensão da arca para possivelmente embasar, contabilizar e projetar o número de casais que entrariam, pois logicamente não seriam todos daquele tempo. Como os animais possuíam tamanhos que em certos casos diferiam, Noé possivelmente construiu compartimentos diferentes em tamanho para compensar essa diferença, e isso pode reforçar a ideia de que ele já tinha em mente quantos casais de espécies entrariam, pois Deus já o havia orientado nisso (Gn. 6:19–20).

Um detalhe que parece em si uma contradição é o fato da **distinção**[66] de sete casais puros e um impuro só ocorrer de forma anunciada por Deus quando Noé já tinha concluído a arca, a partir de Gênesis 7. Em Gênesis 6:22 temos a conclusão da obediência de Noé à ordem de Deus, e em Gênesis 7:1 começa outra narrativa, com Deus ordenando a entrada de Noé com os seus familiares na arca, ou seja, aqui está a confirmação da obediência de Noé, pois a arca está pronta.

A aparente contradição se dá no fato de que a distinção de sete casais puros e um impuro não ocorre em Gênesis 6, ou seja, Noé já havia feito os compartimentos para os animais na arca no início de Gênesis 7, e isso não incluía a posterior ordenança dessa distinção nos versículos 2 e 3, mas a questão é que os compartimentos não necessariamente significavam um para cada casal.

Levando em consideração que o reino animal nessa época era herbívoro, pelo menos em maior parte, isso reforça mais a ideia de que os compartimentos seriam para mais de um casal, e essa aparente contradição de Noé não contabilizar os compartimentos para os sete casais de cada animal

---

[66] A distinção de animais puros e impuros é revelada pela primeira vez no tempo antediluviano, mas a Bíblia não diz quando se originou essa distinção. Isso é perceptível quando há a primeira menção antes da vinda do dilúvio, feita pelo próprio Deus (Gn. 7:2), mas no modo imperativo, deixando claro que já existia essa distinção. Como é impossível saber exatamente quando teria surgido essa distinção, ela certamente se padronizou após a queda do homem, porque ela está ligada àquilo que se pode ou não comer e aos sacrifícios ordenados por Deus.

puro e um para cada impuro é quebrada, pois os compartimentos construídos poderiam muito bem incluir esses casais distintos, levando em conta que a arca teria três andares, por causa de seus pavimentos internos (Gn. 6:16).

Voltando ao estudo da Universidade de Leicester citado anteriormente, um ponto interessante dele é que a dimensão da arca e sua capacidade de carga são equiparadas com os atuais navios de carga, ou seja, correspondem a medidas adotadas nos dias de hoje. O professor Ricardo Pinto ainda acrescentou da seguinte forma: "O fato da arca ter essas dimensões é surpreendente, porque são os parâmetros de um navio da atualidade".

Isso de certa forma é algo fascinante, pois indica que a arca teria um nível de sofisticação avançado para os **padrões de construção e engenharia da época.**[67] Ao analisarem as medições da arca em côvados descritas em Gênesis 6:15, trezentos de comprimento, cinquenta de largura e trinta de altura, e estabelecerem a média entre o côvado hebreu (44,5 cm) e o côvado egípcio (52,3 cm) chegando a 48,2 centímetros, os pesquisadores concluíram que a arca teria 144,6 m de comprimento, 24,1 m de largura e 14,4 m de altura.

A definição dos côvados no estudo foi a mais coerente possível, já que Moisés, o reconhecido autor do livro de Gênesis, era hebreu e oriundo da realeza egípcia. Além desses detalhes, no versículo 14 de Gênesis 6, Deus ordena a Noé o revestimento da arca com betume na parte interna e externa. O betume seria usado para calafetar, isto é, cessar a passagem de líquidos ou ar, tornando a arca impermeável.

De acordo com Adauto J. B. Lourenço, formado em Física pela Bob Jones University (1990) na Carolina do Sul, EUA, com mestrado em Física, obtido na Clemson University (1994), Carolina do Sul, EUA, e grande expoente do criacionismo no Brasil, a palavra original hebraica usada para esse impermeabilizante ou betume é "Kopher", que é uma palavra que tem uma ligação com uma planta muito conhecida no Oriente Médio chamada de "Hena". A Hena é conhecida desde a antiguidade por seus atributos medicinais, pelo seu agradável e suave aroma, e por sua resina com alta capacidade de impermeabilização (https://afontedeinformacao.com/biblioteca/artigo/read/15806-o-que-e-o-betume-na-biblia).

---

[67] Como houve a ordem de Deus a Noé para a construção de uma grande embarcação, significa que esse tipo de transporte já existia no contexto social daquela época. A exemplo de Caim, que construiu uma cidade ainda no capítulo 4 de Gênesis, podemos vislumbrar que aquela sociedade já detinha elementos que constituem uma civilização, como meios de transporte, comércio, agricultura, militarismo, cultura, ciência, casamentos etc. Em resumo, os antediluvianos não eram "homens das cavernas", mas, sim, seres humanos com devidas e notáveis capacidades intelectuais.

Esse material seria ideal para lidar com bactérias ou fungos, propiciar um aroma ambiente agradável, e proporcionar uma consistente impermeabilização, considerando que a arca estaria com vários animais por um ano e dez dias (Gn. 7:11, 8:13–14). O betume designado por "piche" não teria sido provavelmente o usado na arca, pois se trata de uma substância cancerígena.

Ele é uma mistura impura de hidrocarbonetos, incluindo em alguns casos depósitos de petróleo, asfalto ou gás natural, embora por vezes ele seja reservado para um tipo viscoso de alcatrão semelhante ao asfalto. Segundo Adauto Lourenço, se no lugar de "Kopher" a palavra fosse "Chemar" ou "Zepheth", a melhor tradução seria esse betume designado por piche, asfalto ou alcatrão.

Indo adiante na descrição da arca, ela também teria uma porta lateral e uma janela com um côvado de altura (48,2 cm), conforme Gênesis 6:16. A porta fixada na parte lateral facilitaria o deslocamento dos animais para dentro da arca, e a migração deles foi um **fato sobrenatural**,[68] considerando que eles migraram e foram até a arca (Gn. 6:20, 7:8–9), sendo isso contrário à ideia de que Noé pegou cada casal voluntariamente e pôs na arca. Esse caso parece algo com a ordem de Deus a um peixe para engolir Jonas (Jn. 1:17, 2:10).

Noé não poderia pegar cada casal ou espécie em todos os seus hábitats dentro de um prazo de sete dias e colocá-los na arca, prazo que se inicia em Gênesis 7:4. A arca já estava construída no começo do capítulo 7, e no versículo 10 ocorre o término do prazo de sete dias, ou seja, neste espaço de tempo os animais teriam entrado na arca.

No próximo tópico será explanado especificamente o evento do dilúvio, que se inicia no versículo 11 de Gênesis 7, logo após os animais junto de Noé e sua família terem entrado na arca.

O perecimento de uma realidade

O início da grande inundação marca o fim de uma era e o começo de outra. O dilúvio traz consigo características de mudanças e passagens

---

[68] A soberania de Deus engloba toda a sua criação. Os animais ao entrarem na arca demonstraram obediência à ordem e soberania de Deus, pois o próprio Deus diz a Noé que os animais viriam até ele (Gn. 6:20), para encher a arca. Essa soberania de Deus também é mostrada no caso de Jonas, quando Deus ordena a um grande peixe engoli-lo (Jn. 1:17, 2:10), quando Ele sobrenaturalmente fez uma jumenta falar com Balaão (Nm. 22:28–30), e quando Ele ordena a corvos trazerem alimentos a Elias (1 Re 17:5–6). A soberania de Deus não é só sobre nós e os seres vivos, mas até mesmo sobre elementos da natureza como o mar e os ventos, demonstrada por Jesus quando Ele estava com seus discípulos num barco (Mc. 4:35–41).

pertinentes a uma necessidade de transição, pois ele na ótica de Deus representaria uma purificação na Terra. Essa purificação teve sua justificativa em um mundo caído e distorcido no senso moral, social e espiritual, e o dilúvio seria a transição para um recomeço na Terra a partir dos filhos de Noé.

Como já citado nos quesitos "Mares rasos" e "Oceano subterrâneo" no capítulo 3, existia um oceano ou uma grande quantidade de água identificada pela Bíblia como "fontes do grande abismo" em Gênesis 7:11, que se romperam e eclodiram na superfície terrestre através de rupturas, como diz a Teoria das Hidroplacas. Essas águas estavam confinadas no subterrâneo (Grande Abismo de Gênesis 1:2) através de uma drenagem de água para aparecer a porção seca ou massa de terra como acontece em Gênesis 1:9, e agora **eclodem**[69] na superfície em uma pressão e força inimagináveis.

Somado esse fato com a chuva de 40 dias e 40 noites, que pode ser entendida como uma dissipação do possível Dossel, já que dura um tempo descomunal de 40 dias, temos o início de um dos eventos mais intrigantes da história.

Os textos posteriores vão dizer que as águas cresceram e elevaram a arca sobre a superfície, e as águas se elevaram de uma forma que prevaleceram grandemente e excessivamente sobre a terra, como diz em Gênesis 7:18–19. Isso significa que as águas diluvianas dominaram de forma espantosa e duradoura todos os lugares que foram cobertos por elas, até que todos os montes foram cobertos onde elas atingiram.

O versículo 20 diz que os montes foram cobertos de tal forma que quinze côvados era a distância entre a superfície das águas e o ponto mais elevado deles. Se imaginarmos essa cena sendo vista do espaço, num dilúvio de proporções globais, como será visto no próximo tópico, seria como se a Terra tivesse se tornado um "planeta aquático", ou, se fosse numa visão em primeira pessoa da arca, como se a Terra tivesse sido mergulhada em água.

É de se pensar a agitação e os barulhos que Noé e sua família tiveram de suportar e enfrentar quando estava ocorrendo o dilúvio. O desespero daqueles que ficaram do lado de fora vendo as águas destrutivas os tragarem deve ter sido realmente aterrorizante!

---

[69] Partindo para uma projeção, imagine que você está caminhando ou fazendo qualquer outra coisa e de forma milagrosa a terra começa a ter rachaduras imensas e água em altíssima pressão começa a jorrar dessas fendas para o alto, subindo centenas ou milhares de metros. O cenário fica ainda mais estarrecedor quando você vê pessoas e animais tentando fugir dessa água de diversas formas, mas se torna impossível escapar. Foi essa uma pequena fração do que realmente foi o dilúvio.

Diz a Bíblia, a partir do versículo 21 até o 23, que toda a carne que se movia sobre a terra, isto é, todos os animais terrestres ou que tinham contato com a terra pereceram. O detalhe aqui é o destaque à morte de animais somente terrestres, e não aquáticos, isso porque a ênfase da destruição diluviana se daria em terra seca por causa da maldade do homem, que é uma espécie terrestre.

As espécies aquáticas de certa forma sobreviveriam, embora haja vestígios de fósseis de animais marinhos em topos de montanhas pelo mundo e em desertos como em Wadi Hitan, no Egito, e no de Atacama, no Chile, onde foram encontrados cemitérios de restos e achados de muitas baleias, estudos citados no quesito "Inexistência de desertos", no capítulo 3.

A corrupção que levou ao dilúvio é mencionada, embora em menor grau, aos animais também, corrupção que alguns criacionistas entendem que seria **predação**[70] e disputas corpo a corpo pouco antes do dilúvio, quando eles perderam os traços originais de uma dieta herbívora e convívio pacífico após a queda.

Em Gênesis 6:7, 11–12 é mencionada a violência que incluía os animais, e no registro fóssil dentro da ótica criacionista, onde é chamado de "camadas fósseis", é incluído um Compsognathus do tamanho de um peru encontrado com um lagarto na barriga, além do fóssil de um peixe soterrado pela lama engolindo outro peixe, o que significa que havia predação pouco antes do dilúvio.

O que acontece em Gênesis 9 é que somente após o dilúvio o pleno andamento da predação e alimentação carnívora floresceram, assim como vemos nos dias de hoje, por ordem do próprio Deus, e tendo ocorrido possivelmente por causa da imensa quantidade de plantas e florestas soterradas pelo dilúvio, como citado no fator "Alimentação", no capítulo 3, ou seja, houve uma compensação para os recursos vegetais perdidos.

Prosseguindo no evento do dilúvio, em Gênesis 7:24 é dito pela Bíblia que as águas prevaleceram sobre a terra cento e cinquenta dias. Em Gênesis 8:3 é que há a resposta a respeito dessa prevalência, pois elas só

---

[70] O ser humano na era pré-diluviana possivelmente adquiriu também hábitos de predação e alimentação carnívora. Isso se deve especificamente e provavelmente aos descendentes de Caim, porque fica subentendido pelas passagens bíblicas e pela determinação do Senhor para consumo de carne a partir de Gênesis 9 que antes disso a alimentação humana era vegetariana. Mas um detalhe importante a ser considerado é que essa ordem é dada a Noé e sua família, isto é, a uma descendência de pessoas que guardavam os mandamentos de Deus, o que os torna um grupo de pessoas que ainda tinham uma alimentação vegetariana. Por isso, se houve predação e alimentação carnívora, isso se deve muito mais aos descendentes de Caim.

diminuíram de forma notável após um recuo de 150 dias, mas ainda havia água sobre a superfície terrestre.

A diminuição das águas tem seu ponto de partida no primeiro versículo, quando Deus usa um vento para diminuir as águas, mas é no segundo versículo do capítulo 8 que há antes uma ocorrência: *"As fontes do abismo e as janelas do céu se fecharam, e a chuva do céu se deteve".*

Depois que os elementos que possibilitaram a inundação são encerrados é que há a ocorrência de um mecanismo que faria as águas recuarem e diminuírem sobre a superfície terrestre, que é o vento enviado por Deus. Após isso temos o primeiro notável recuo de águas após 150 dias, conforme Gênesis 8:3.

No versículo 4, é dito que a arca **parou**[71] sobre os "Montes de Ararate", que se localizam na atual Turquia, no dia 17 do sétimo mês, e após isso no versículo 5 há o detalhe do segundo recuo notável, que é a aparição dos cumes dos montes no primeiro dia do décimo mês.

É possível que a arca tenha parado sobre esses montes quando ainda ocorria o recuo de águas dentro do período de 150 dias, em Gênesis 8:3. Segue o cronograma do dilúvio:

CRONOLOGIA DO DILÚVIO:

- 17/2/600 – Início do dilúvio (Gn. 7:11–13): 1 dia
- 27/3/600 – Inundação total e início do recuo das águas pelo vento (Gn. 7:12, 17, 8:1): 40 dias
- 17/7/600 – A arca para sob os Montes Ararate (Gn. 8:4): 150 dias
- 27/8/600 – Primeiro recuo notável após 150 dias (Gn. 7:24, 8:3): 190 dias
- 1/10/600 – Segundo recuo notável, a aparição dos cumes dos montes (Gn. 8:5): 224 dias
- 10/11/600 – Noé abre a janela e solta um corvo (Gn. 8:6–7): 264 dias

---

[71] Quando ocorre a leitura em Gênesis 8:4 acerca da arca dizendo que ela parou sobre os montes de Ararate, subentende-se que ela ficou parada até o momento em que Noé e sua família saíram dela. Um detalhe a ser considerado é que existe uma diferença entre parar ou repousar e permanecer. Isso quer dizer que o texto bíblico não define de forma exata se a arca ficou nos montes Ararate até a saída de Noé, ou se ela repousou por um período de tempo e depois se deslocou conforme havia a força da água em fluxo pressionando a diminuição do seu nível.

- 17/11/600 – Noé solta uma pomba (Gn. 8:8): 271 dias

- 24/11/600 – Terceiro recuo notável; Noé torna a soltar a pomba e ela volta com um ramo de oliveira (Gn. 8:10–11): 278 dias

- 30/11/600 – Noé torna a soltar a pomba, mas ela não volta (Gn. 8:12): 284 dias

- 1/1/601 – Quarto recuo notável; Noé tira a cobertura da arca e percebe que a terra havia secado, mas não totalmente (Gn. 8:13): 315 dias

- 27/2/601 – A terra está totalmente seca (Gn. 8:14): 372 dias

Por mais que possa haver pequenas divergências entre cálculos feitos por diferentes estudiosos, e em acordo com o tipo de calendário usado como base ou interpretação, fica muito difícil saber exatamente quanto tempo durou o dilúvio, embora o seu tempo aproximado seja de um ano, o que já é algo absurdamente colossal para designar uma catástrofe ou desastre natural.

A veracidade diluviana: a Ciência comprova o dilúvio?

A narrativa diluviana é muito atacada por céticos e críticos que se dispõem a considerar o dilúvio uma mitologia ou algo fictício. O **criacionismo bíblico**[72] traz luz a esse tema trabalhando aspectos diversos que sustentam a veracidade do dilúvio de Gênesis, e serão apresentados ponto a ponto no decorrer deste tópico.

Antes de mais nada, deve ser compreendido que a Bíblia gera base para uma Terra Antiga de milhões ou bilhões de anos, porque ela diz a respeito de uma Terra sem forma e vazia que continha terra e água antes da narrativa da criação, e também gera base para a ocorrência do dilúvio, isto é, catastrofismo.

A questão é considerar: que na Terra tem evidências geológicas que podem apontar para eras em um tempo longínquo, harmonizando com Gênesis 1:2; que também tem evidências de catastrofismo diluviano; e que nesse caso um lado não anula o outro.

---

[72] O criacionismo bíblico é o tipo de criacionismo que, para a apologética cristã, acaba sendo o mais importante. Em resumo, ele acaba sendo o pano de fundo natural das Sagradas Escrituras, isto é, ele é incumbido de mostrar na natureza as evidências e indícios que corroboram passagens bíblicas. Como Deus se revelou através de escritos em sua Palavra, que é a Bíblia, sendo ela a Verdade, obviamente que a natureza nos apresentará evidências da comprovação de certas passagens. O criacionismo bíblico é nesse caso extremamente importante, pois carrega a bandeira da atividade científica que complementa as Escrituras.

Muitos geólogos modernos usam exemplos para tentar desqualificar a ocorrência do dilúvio através de formações geológicas, mas evidências **uniformitaristas**[73] ou de uma Terra Antiga não anulam evidências diluvianas por causa de uma ótica que reduz qualquer contrariedade.

Nesse contexto uma coisa é a formação da evidência e outra coisa é a interpretação da evidência, que pode formatar a evidência de uma forma que não corresponda exatamente à sua formação, isto é, ao que realmente ocorreu no passado.

Vejamos alguns exemplos usados contra o dilúvio:

FORMAÇÕES GEOLÓGICAS:

1) Desconformidades angulares: são usadas para dizer que não há como o dilúvio explicá-las, isso porque rochas sedimentares seriam erguidas e erodidas, levando extensos períodos de tempo para isso. Esse argumento é fundamentado levando em conta que o dilúvio formatou toda a geologia terrestre numa escala de tempo muito curta e que essa evidência o contraria, mas evidências antigas não excluem necessariamente um evento em rápida escala como o dilúvio, pois as evidências desses dois eventos, como citado anteriormente, podem "coexistir" apontando para eventos distintos na história.

De acordo com a própria Bíblia, já havia atividade geológica na Terra, conforme Gênesis 1:2, embora seja impossível determinar o exato tempo que se passou até chegar na narrativa da **criação em seis dias**[74]. Possivelmente a Terra nesse período estava em um estado de "morte", até que veio a criação e a preencheu com ordem e vida.

---

[73] O uniformitarismo e a Teoria da Evolução são aliados que necessariamente devem manter um vínculo, porque ambos pregam processos naturais, lentos, graduais e sucessivos em escala de milhões de anos. Charles Lyell, o pai do uniformitarismo, gerou o motor para a Teoria de Darwin, e este supostamente levou uma cópia do livro de Lyell, *Principles of Geology*, a bordo do navio H. M. S. Beagle, durante sua expedição histórica para as Ilhas Galápagos, no Equador.

[74] Enfatizando a criação do Sol e dos outros astros cósmicos no quarto dia, fica subentendido que o Sol e as estrelas foram criados do nada absoluto, isto é, do ponto zero; eles passaram a existir somente com a vinda do quarto dia. Assim como tratado nas questões 6 e 7 do bônus de perguntas e respostas, e em outras partes desta obra, havia uma Terra sem forma e vazia, conforme Gênesis 1:2, indicando claramente que poderia haver outros astros cósmicos no Universo junto com a Terra nesse período. Como no contexto de Gênesis 1 a ideia de criar significa possibilitar ordem e vida utilizando matéria preexistente, a criação do Sol e das estrelas soa mais no sentido de que Deus os organizou em sistemas estelares, dentro das respectivas galáxias, ou seja, o nosso Sistema Solar foi organizado no quarto dia, quando Deus dispõe o Sol e a Lua para iluminarem a Terra, onde o movimento de rotação e translação terrestre estão inseridos.

Contrapontos criacionistas: existem estruturas compostas por estratos feitos de rocha, e que se assemelham a cobertores dobrados em um formato curvo. Essas evidências indicam que essas rochas foram dobradas enquanto estavam molhadas e maleáveis, para depois entrarem em petrificação. O dilúvio seria o principal responsável por essas evidências, já que essas camadas foram depositadas em um processo rápido, e seriam melhor explicadas em oposição a um processo lento e gradual numa escala de milhões de anos.

Mesmo que haja datações que corroborariam ou não a visão de que essas rochas dobradas tivessem milhões de anos, isso não mudaria o fato de que elas sofreram um processo e alteração em rápida escala, e isso porque em uma Terra Antiga não necessariamente as evidências teriam que seguir processos "antigos", como citado anteriormente.

2) Desconformidades de Hutton: no século XVIII foram descobertas camadas estratigráficas no subsolo sendo inclinadas, erodidas e sobrepostas, o que revelaria diferentes eras terrestres numa escala de milhões de anos. A escala de tempo geológico é constituída nessas descobertas e atualmente compõem a Coluna Geológica, onde estratos correlacionados com fósseis delimitariam uma era geológica que ocorreu no passado.

Contrapontos criacionistas: uma evidência que aponta para os efeitos do dilúvio seriam troncos de árvores que estão entre três ou quatro camadas de estratos, isto é, fósseis poliestratificados que são encontrados no mundo todo. Na visão uniformitarista cada estrato representaria saltos de milhões de anos para cada era geológica, então como um tronco de árvore permaneceria entre eras geológicas diferentes? Seria cada parte do tronco depositado em eras diferentes?

A resposta é não. Obviamente que esses troncos foram depositados nessas camadas em um processo rápido, porque exigiria que elas ainda não estivessem solidificadas, e isso indica que o soterramento promovido pelo dilúvio **tenha sido o responsável**,[75] ou seja, esses fósseis demonstram catastrofismo.

Nesse contexto, se tratando do registro fóssil, a fossilização é o processo pelo qual restos de plantas e animais são preservados em rochas sedimentares.

---

[75] O dilúvio global mais uma vez é reforçado por esse tipo de evidência, pois os fósseis poliestratificados são encontrados em diversos locais pelo mundo, como no Parque Nacional Yellowstone (EUA), em Joggins e Sydney, cidades da Nova Escócia (Canadá), em Axel Heiberg Island, no alto ártico canadense, nos estratos de rochas de carvão nos Estados Unidos, Alemanha, Inglaterra e França.

O planeta Terra é coberto por camadas ou estratos de fósseis, e esse registro do passado nos ajuda a compreender que tipos de organismos viveram no passado distante, no caso dos criacionistas, no período antediluviano.

Tafonomia é o nome que se dá ao estudo de como os organismos vivos se tornaram fossilizados. Vem do grego e significa "leis de sepultamento". Em condições normais, a fossilização raramente vai ter lugar, e isso porque para que um organismo se torne um fóssil ele deve ser preservado antes que a decomposição e deterioração o atinja e o impossibilite para tal.

Em outras palavras, esse organismo deve ser sepultado em um processo rápido. Existem duas principais teorias sobre a formação de rochas sedimentares que contêm fósseis.

- Uniformitarismo: fósseis foram enterrados por meio de taxas uniformes de erosão e deposição, em grande parte de acordo com as taxas atuais.

- Catastrofismo: fósseis foram enterrados rapidamente por uma ou mais grandes catástrofes.

A **geologia diluviana**[76] possui mecanismos que podem explicar melhor a fossilização do que uma concepção gradual uniformitarista:

1. O organismo deve ser enterrado rapidamente. Para que isso aconteça, o organismo normalmente deve morrer em condições anormais, como inundações, erupções vulcânicas ou terremotos, ou seja, por meio de catastrofismo. Caso contrário, é quase impossível preservar um animal de uma forma que ele contenha moléculas orgânicas em bom estado de preservação.

2. O organismo deve ser protegido da decomposição normal. Se o animal for exposto a oxigênio ou bactérias, ele começará a se deteriorar rapidamente antes que seja possível a fossilização.

---

[76] Assumindo contrapontos relacionados à Geologia Moderna ou uniformitarista, a geologia do dilúvio geralmente assume eventos em escala rápida, quando comparados a processos naturais em escala de milhões ou bilhões de anos como propõe o evolucionismo. Existem tipos de evidências que corroboram a geologia diluviana, e que serão resumidos a seguir: 1 – Formação rápida de camadas sedimentares na natureza; 2 – Formação rápida de camadas estratigráficas em laboratório; 3 – Coluna geológica reproduzida em laboratório; 4 – Coluna geológica de cabeça para baixo; 5 – Formação rápida de rochas graníticas; 6 – Camadas de rochas dobradas e não fraturadas; 7 – Rápidas transformações topográficas e retorno da vegetação; 8 – A imprecisão da Datação Radiométrica por Carbono-14; 9 – Evidências de águas subterrâneas; 10 – Ausência de erosão entre os estratos (contato plano-paralelo); 11 – Formação rápida de cânions; 12 – Formação rápida de petróleo (http://www.criacionismo.com.br/2016/08/fatos-cientificos-que-voce-nao-ve-nos.html).

3. O organismo deve ser enterrado em matéria que é lixiviada com águas ricas em minerais onde os carbonatos estão precipitando. Esses minerais substituirão o tecido original, de modo que a pedra permaneça no formato do tecido original, a exemplo de fósseis de trilobitas.

De todos esses exemplos, emerge uma tendência geral. A melhor fossilização ocorre quando há soterramento rápido e condições anóxicas (ausência de ou baixa oxigenação) para evitar a eliminação por deterioração, sem necessidade de retrabalho pelas correntes e alteração diagenética, que preserva um fóssil em vez de destruí-lo. Essas condições são as esperadas nos modelos do dilúvio, que trabalha com catastrofismo.

VULCÕES:

Um ponto que favorece o criacionismo bíblico no que tange a formações rápidas está ligado a **erupções vulcânicas**,[77] isso porque podem fornecer exemplos reais de como processos catastróficos são capazes de formar elementos típicos do registro fóssil, isto é, estratos ou rochas sedimentares em camadas.

Nesse caso uma erupção vulcânica pode formar camadas de deposições a exemplo dos fluxos de lava, que são fluxos de rocha derretida que escorrem de uma abertura que está em erupção. A rapidez que envolve esse processo favorece a concepção de que estratos não necessariamente requerem grandes períodos de tempo para serem formados.

CLASSIFICAÇÃO DE FÓSSEIS:

Existem outros tipos de evidências de inundação que criacionistas como Adauto J. B. Lourenço usam para defender a ideia de um dilúvio com proporções globais. Alguns fósseis do registro fóssil estão limitados em um espaço dentro de um estrato e a partir daí eles são classificados. Baseado em como eles se alojaram nos estratos, é possível conceber que houve uma inundação nesse processo.

---

[77] Em 1883, na Indonésia, houve uma das maiores erupções vulcânicas de toda a história terrestre. O vulcão na Ilha de Krakatoa explodiu e fez afundar dois terços da ilha, que antes dessa catástrofe possuía uma fauna e flora em condição estável. A erupção fez a ilha ficar biologicamente morta, tendo antes uma área de 40 km². Uma nova e pequena ilha chamada Anak Krakatau já havia emergido no lugar da antiga ilha e toda a fauna e flora estavam recuperadas, e isso em apenas 50 anos após essa tragédia. Isso mostra que grandes mudanças biológicas, topográficas e geológicas podem ocorrer dentro de uma rápida passagem de décadas.

Isso porque os seres vivos possuem densidades diferentes, e numa inundação onde haveria animais mortos os animais com maior densidade ficariam mais próximos do fundo, e os de menor densidade ficariam mais próximos da superfície. Um exemplo que pode ser usado seria de um navio, que não afunda porque a densidade dele é menor que a densidade da água.

Os peixes possuem densidade muito próxima da água porque subsistem no seu meio natural, logo, a densidade de um peixe é maior que a de um anfíbio, que é maior que a de um réptil, que é maior que a de um mamífero, e por fim de uma ave.

No caso dessa hipotética inundação e posteriormente a deposição desses animais, a ordem seria peixes, anfíbios, répteis, mamíferos e aves. Isso se trata de um fato real dentro do registro fóssil, e evidencia fortemente a ocorrência do dilúvio como o causador da origem do registro fóssil, considerando também os requisitos necessários para haver uma fossilização.

SIMILARIDADES NOS FÓSSEIS:

Praticamente todo tipo de animal vivente nos dias de hoje é **encontrado**[78] no registro fóssil. Muitos deles estão completamente intactos, e alguns espécimes não mostram literalmente nenhum sinal de decomposição ou putrefação. Outras evidências, como o fato de que fósseis marinhos são encontrados ao longo da coluna geológica, apontam fortemente para uma interpretação do registro fóssil baseada no dilúvio.

Um outro ponto que deve ser notado é que muitos dos animais vivos hoje em dia são idênticos aos seus ancestrais fossilizados, o que argumenta fortemente contra a noção de terem sido fossilizados há milhões de anos, já que o ancestral evolutivo anterior deveria mostrar características diferentes que estariam há milhões de anos no passado.

Entre esses fósseis, há alguns chamados de "fósseis vivos", que seriam fósseis considerados extintos dentro de uma escala de milhões de anos no processo evolutivo, ao meio darwiniano, mas que recentemente foram descobertos no registro fóssil. O caso talvez mais famoso seja o do Celacanto, que se pensava estar extinto junto dos dinossauros, mas um espécime foi encontrado vivo em 1938.

---

[78] No registro fóssil podem ser encontrados peixes, anfíbios, répteis, mamíferos e aves, tendo espécies já consideradas extintas e algumas que demonstram uma notável similaridade ou igualdade com algumas espécies viventes hoje. Além disso existem também fósseis de plantas que se parecem com as plantas atuais, o que dificulta a sustentação de que essas deposições foram ao longo de milhões de anos em eras geológicas, já que dentro do conceito de ancestralidade deveria haver diferenças biológicas e anatômicas notáveis.

TECTÔNICA DE PLACAS CATASTRÓFICA:

A Tectônica de Placas Catastrófica é uma teoria que propõe movimentos rápidos das placas da Terra durante o dilúvio de Noé. Ela foi concebida originalmente pelo Dr. John Baumgardner, e fundamentada por modelagem computacional sofisticada.

Vários geólogos criacionistas percebem que ela se ajusta com a geologia moderna melhor do que outros modelos diluvianos, porque oferece uma descrição científica do dilúvio que é compatível com as teorias da Tectônica de Placas e da Deriva Continental.

Ela também disponibiliza um mecanismo para a origem e a recessão das águas do dilúvio, aceitando a interpretação convencional de eventos como terremotos e atividade vulcânica. Além disso, porque ela simplesmente requer uma escala de tempo acelerada para o movimento das placas, o conflito com a geologia uniformitarista é mínimo.

A Tectônica de Placas Catastrófica se inicia em uma Terra pré-dilúvio com um único continente,[79] que seria a Pangeia, e um grande oceano circundante. Assim como a Terra atual, havia distintas crostas continental e oceânica, a crosta continental era a mesma crosta de granito que existe hoje, e a crosta oceânica era também de basalto.

Desse ponto inicial, o Dr. Baumgardner postula e modela a subducção de placa fugitiva, produzindo um modelo viável do dilúvio de Gênesis. De acordo com esse modelo, nenhuma das crostas oceânicas antediluvianas permanecem na superfície, mas passaram totalmente pelo processo de subducção, e foram substituídas com uma nova crosta de basalto.

O processo começa com material do manto superior repentinamente afundando no manto inferior, e à medida que o calor muda a viscosidade

---

[79] Existem descobertas em estudos científicos onde foram encontradas evidências de fósseis de plantas e animais comprovando que a Antártica abrigava um ecossistema no passado. Como ela no passado estava compactada sob uma única massa de terra, formando a Pangeia, os criacionistas entendem que o dilúvio foi o responsável pela separação dos continentes em uma escala de tempo rápida em comparação ao conceito uniformitarista. Curiosamente, em um desses estudos, uma pesquisadora disse algo interessante: *"Estávamos no alto dos picos gelados quando encontramos uma camada de sedimento cheia de folhas frágeis e gravetos"*, Jane Francis, Universidade de Leeds, Inglaterra (https://www.bbc.com/portuguese/ciencia/2011/02/110208_florestas_antartida_mv). Dois detalhes são importantes aqui para serem observados, um é que eles estavam no alto dos picos e outro é que os sedimentos estavam nesses altos, ou seja, possivelmente isso é resultado de um escoamento de água que ocorreu, assim como a água da chuva escorre pelas montanhas transportando sedimentos, ou deixando-os, até esses sedimentos irem para um rio afluente, depois para o rio principal, e daí para o oceano. O dilúvio poderia ser o responsável por esses sedimentos, e estaria ligado com o período de tempo desde que houve a ruptura da Antártica até a sua estabilização, onde posteriormente se tornou um continente glacial.

A ALIANÇA PRÉ-DILUVIANA:
A IMPLICAÇÃO DO RELACIONAMENTO DE DEUS COM OS PRIMEIROS HUMANOS

do manto uma massiva quantidade de energia é liberada. Isso faz com que a crosta oceânica comece a afundar, possuindo maior densidade que a crosta continental.

Esse processo, junto do material que está no manto superior continuando a afundar, força materiais do manto inferior para cima, impulsionando para cima a crosta oceânica na localização aproximada da dorsal meso-oceânica. Tendo as extremidades da crosta oceânica próximas do continente afundando, a subducção começa num procedimento de fuga.

Esse procedimento divide a crosta oceânica junto com o que é hoje a dorsal meso-oceânica. Entrando nessa lacuna o calor da lava, a água acima dela é esquentada, causando uma erupção supersônica de **vapor**[80] (fontes do grande abismo). Esse vapor é disparado catastroficamente na atmosfera superior, onde esfria e cai de volta como uma chuva torrencial, o que seriam os 40 dias e noites de chuva diluviana, ponto defendido por criacionistas.

A subducção fugitiva da crosta oceânica arrasta para baixo a crosta continental, fazendo com que a água inicie o processo de inundação do continente. Esses processos causariam correntes fortíssimas em movimento rápido permitindo deposições em quantidades massivas de sedimentos. À medida que a crosta oceânica original passou pelo movimento de subducção, ela foi substituída por uma crosta mais quente e menos densa, que se ergueu mais, permitindo aumentar a profundidade da água.

Em algum ponto no processo, quando a tensão na crosta continental alcança o ponto em que ela começa a se dividir, isso inicia o começo da formação do oceano Atlântico. Com o esfriamento da nova crosta oceânica, ela começa a afundar, ficando numa altitude mais baixa do que a original.

A medida da energia da crosta original afundada no manto inferior é consumida até que há uma interrupção promovida pela subducção fugitiva, fazendo a crosta continental flutuar acima permitindo que as águas do dilúvio escorram.

As evidências de apoio a essa teoria se sustentam quando há um anel de material relativamente frio no manto inferior que corresponde a zonas

---

[80] Partindo para uma projeção, os gêiseres como conhecemos atualmente poderiam, de forma mais parecida, nos dar uma noção do que foram as explosões em altíssima pressão que vieram do subsolo promovendo rupturas na crosta terrestre e possibilitando a inundação em proporções globais. O extinto gêiser de Waimangu, que era localizado na Nova Zelândia, é o melhor candidato para estabelecer esse paralelo, por ser por um tempo o mais poderoso do mundo. Suas erupções poderiam atingir até 460 metros de altura, o que é uma altura impressionante, mas certamente ele é algo em pequena escala, quando comparado com os eventos catastróficos que envolveram o dilúvio.

de subducção do passado e do presente, rodeando uma zona de impacto sob o oceano Pacífico, e material mais quente sendo comprimido sob a África, como postulado e predito pela Tectônica de Placas Catastrófica.

Uma descoberta mais recente de um pedaço de crosta oceânica localizada no manto inferior foi também predito pela Tectônica de Placas Catastrófica. Nenhuma outra teoria prediz ou explica de forma fundamental essas evidências.

Caminhando para um desfecho, com as evidências mostradas no último tópico deste capítulo, somadas aos achados de fósseis de animais marinhos nos quatro cantos do globo, como demonstrado especificamente na Questão 1 do bônus de perguntas e respostas, e no quesito "Inexistência de desertos" no capítulo 3, a conclusão é que o dilúvio teve, sim, proporções globais, e isso é sustentado por **evidências de apoio**.[81]

---

[81] Como a Bíblia é a Palavra de Deus, e é a Verdade, logicamente que na natureza as evidências de relatos bíblicos serão encontradas, basta seguir e correlacionar essas evidências. Entretanto, existe muito ceticismo e militarismo contra certos relatos bíblicos, principalmente no livro de Gênesis, mas existe uma afirmação que certamente é verdadeira: "Ausência de evidência não significa necessariamente evidência de ausência", isto é, no caso de não haver evidências para sustentar um fato, não significa que definitivamente essas evidências não existam, mas basta apenas serem encontradas. Isso se aplica perfeitamente à Bíblia, pelo menos na visão daqueles que creem que ela é a Verdade.

RESUMO

A partir deste trabalho foi possível ter um horizonte estabelecido a respeito da magnitude do plano de salvação, que foi determinado antes que houvesse humanidade e construído através da história desde a era pré-diluviana até a consumação na Cruz do Calvário.

A promessa do futuro Salvador foi um luzeiro que acompanhou um mundo de trevas mediante a multiplicação da raça humana, e este livro mostrou se limitar a essa ênfase, que resume a dá sentido às Escrituras.

Foi necessário o próprio Deus interferir na descendência e história humana para alinhar o caminho para o Messias, e esse alinhamento se iniciou na descendência de Sete, separada entre os povos para esse fim. Os efeitos dessa interação divina delimitam o início da história bíblica em ser extremamente importante para haver a compreensão do todo relativo à Bíblia Sagrada.

Os três primeiros capítulos de Gênesis detêm a base central para toda a Bíblia, e a preocupação em haver uma compreensão mais precisa e saudável acerca dele deve necessariamente estar alinhada ao compromisso de crescer no conhecimento da Palavra de Deus, que é a Bíblia.

Jesus Cristo, o autor e consumador da nossa fé, assume o papel de ser a Palavra de Deus, isto é, o verbo encarnado (Jó 1:14), revelando através de si mesmo ser a inspiração e o inspirador da Bíblia, pois Ele é o Criador anunciado desde Gênesis (Jó 1:1–3). Jesus Cristo é portanto o legítimo dono das Escrituras Sagradas.

CONSIDERAÇÕES FINAIS

A busca para haver uma compreensão mais refinada e obter o crescimento em conhecer a palavra de Deus deve ter uma base que permita alguém procurar de forma contínua o aprender mais sobre a Bíblia. Assim como dito na introdução deste livro, para haver uma compreensão do presente e dos desdobramentos históricos futuros é imprescindível que haja uma compreensão do passado, pois ele é o ponto de partida que configura o curso da história.

O tempo antediluviano revela-se numa condição remota, pois se trata de um período de tempo imemorial e longínquo, como define a Teologia. A Bíblia o apresenta de uma forma resumida, pois ele só dura sete capítulos, embora constitua aquilo que Deus queria comunicar à humanidade através do autor que o escreveu, que é Moisés.

Quando o plano de redenção é analisado de uma forma mais sublime, é possível perceber que o advento messiânico revela muito mais profundidade de graça e misericórdia do que o homem pode compreender.

CONCLUSÃO

Este livro teve por finalidade trazer ao leitor um melhor entendimento acerca da construção do plano de salvação no contexto da era pré-diluviana. Esse tema é importante para realçar possíveis lacunas deixadas na compreensão do plano de salvação, que começou a ser construído ainda no começo do mundo.

Portanto, nesse contexto é necessário declarar e entender que a Bíblia é a Palavra de Deus e é a Verdade. Este autor pôde compreender durante a construção deste livro, e através das experiências vividas com o Senhor, nosso Deus, que a Bíblia possui um dono e em si é a descrição desse dono, que é Jesus Cristo.

Na concepção de que a Bíblia é a Palavra inspirada de Deus, a magnitude dessa inspiração atravessa a descrição por palavras para se mostrar em um nível incompreensível para nós seres humanos.

As experiências que este autor teve com o Senhor Jesus Cristo o fez enxergar essa dimensão inalcançável, onde se configura a palavra de Deus como uma autoridade definitiva que delimita nossa vida e nossa fé, tendo como autoridade máxima o Espírito Santo.

O desejo deste autor é que os devidos leitores possam, ao concluírem a leitura desta obra, ter os seus conhecimentos acerca da Palavra de Deus ampliados e visando a uma contínua busca para haver o alcance do saber acerca da Bíblia Sagrada.

Que a bondade, a graça e a paz de Deus e do Senhor Jesus Cristo, com o consolo do Espírito Santo, estejam diariamente com todos. Amém!

POSFÁCIO

A leitura deste livro inspira a todos os leitores inteligentes que buscam o conhecimento em todas as áreas do saber. Desperta o interesse já começando pela temática: relacionamento de Deus com os primeiros humanos! A curiosidade já é estimulada. Além das informações históricas, bíblicas e científicas, retrata o advento messiânico de Cristo estabelecido, construído e realizado no período pré-diluviano com os primeiros humanos da linhagem de Adão, apontando até a Cruz de Cristo no Calvário. Através de uma aliança!

A leitura conduz à reflexão filosófica sobre o tema e proporciona enriquecimento de vários saberes de cunho histórico, filosófico e científico, com relevância à espiritualidade através das pesquisas bíblicas. Observa-se que o livro traz uma temática pouco explorada na literatura atual, porém muito interessante e valiosa.

O autor Tális Cruz de Araújo, inspirado pelo assunto, foi conduzido a se debruçar nas pesquisas com muito foco e determinação. O autor entende que a Bíblia e a Ciência caminham juntas com outros saberes na construção do conhecimento!

O livro traz muitos *links* de informações que visam enriquecer o aprendizado. Portanto, recomendo a leitura da obra a todos os leitores convidando-os a embarcarem nessa maravilhosa aventura!

Neusa Maria de Araújo Rocha
Pedagoga com pós-graduação em Educação (UFES)

Bônus

CURIOSIDADES: PERGUNTAS E RESPOSTAS

1. REALMENTE A PANGEIA SE DIVIDIU EM GÊNESIS 10:25?

Em 1913 Alfred Wegener apresentou a Teoria da Deriva Continental, que afirma que há centenas de milhões de anos as massas de terra formavam um único supercontinente, chamado Pangeia. Essa teoria foi confirmada por sua sucessora, a chamada Teoria da Tectônica de Placas.

A Teoria da Tectônica de Placas parte do pressuposto de que a crosta terrestre está dividida em grandes blocos semirrígidos, ou seja, em placas que abrangem os continentes e o fundo oceânico. Essas placas movimentam-se sobre o magma, impulsionadas por forças vindas do interior da Terra, podendo se aproximar ou se afastar umas das outras. Cientificamente é comprovado que as Placas Tectônicas se movimentam sobre o manto, e um exemplo disso é a ocorrência de terremotos. Em suma, os atuais continentes foram formados por processos naturais, lentos, graduais e sucessivos ao longo de milhões de anos, dentro da visão compartilhada entre essas duas teorias.

Há outros estudiosos que consideram que a divisão dos continentes foi consequência do nível catastrófico do dilúvio, que rompeu áreas da crosta terrestre possibilitando uma deriva continental; posteriormente os continentes se chocam, depois de desacelerarem, com outras placas em uma certa velocidade, dando a explicação para a formação, por exemplo, da Cordilheiras dos Andes, dos Himalaias e das Montanhas Rochosas, o que faz sentido considerando a intensidade da energia cinética adequada para a formação de cadeias montanhosas, como postula a Teoria das Hidroplacas e a Tectônica de Placas Catastrófica.

Isso é dissidente de uma formação lenta, gradual e sucessiva ao longo de milhões de anos, e essa dissidência permite inclusive essas bordas continentais serem autoencaixantes como é possível ver hoje, mas existe um possível questionamento: Como as populações de seres vivos terrestres se espalharam pelo globo se as massas continentais estavam separadas pelos oceanos?

Uma resposta à altura é que eles migraram através do solo na atual formação continental ainda sem haver um aumento do nível oceânico que posteriormente ocorreu por causa do derretimento de gelo de pequenos períodos glaciais pós-diluvianos, como concebem alguns estudiosos, embora seja difícil atribuir uma precisão a essa afirmação.

Outra resposta alternativa seria que, dentro de uma possibilidade científica, as placas continentais divididas pelas rupturas da crosta terrestre, ocasionando o dilúvio, como já mencionado antes no quesito "Mares rasos" no capítulo 3, se movimentaram pelo manto viabilizando uma divisão gradual, mas rápida da superfície dos continentes numa Pangeia que sofreu rupturas, mas que permaneceu parcialmente inseparável, ou seja, as placas inicialmente se afastaram em uma maior velocidade e depois foram desacelerando, até haver o choque com outras placas.

Nesse caso, as populações de pessoas e animais proliferariam nessas placas posteriormente porque os locais em que se encontravam estariam fora do epicentro da catástrofe diluviana, e seriam posteriormente divididos pelos movimentos das placas, dando a possível resposta aos europeus encontrarem nativos nas expedições colonizadoras na África e na América após o século XV, e a diferentes espécies de animais serem oriundas de continentes distintos.

Isso reforça a ideia de que a inundação diluviana não se deu totalmente sobre todas as áreas do solo terrestre, embora os seus efeitos tenham sido em uma escala global. O que reforça essa hipótese é que Moisés, o reconhecido escritor de Gênesis, não tinha a concepção da existência de outros continentes, que só vieram a ser "descobertos" pelas grandes expedições marítimas europeias, ou seja, quando ele se refere a "terra" no versículo 21 de Gênesis 7, que diz: *"Pereceu toda a carne que se movia sobre a terra..."*, ele não se refere a todo o planeta, mas à proporção terrestre que sofreu a agressão e extinção pelas águas diluvianas.

Amarra essa concepção a quantidade de fósseis de animais, incluindo marinhos, encontrados em montes e montanhas pelo mundo, como no Monte Everest, nos Alpes Suíços, nas Montanhas Rochosas, na Cordilheira dos Andes, e em uma montanha na China, o que indica que a inundação diluviana teria sido de certa forma global, mas não necessariamente abrangendo 100% da superfície terrestre.

Voltando à questão, parece que em Gênesis 10:25 não fala da divisão de continentes agrupados, mas de um outro tipo de divisão. Há estudiosos que aceitam que a divisão em Gênesis 10:25 significa a disseminação territorial a partir dos filhos de Noé, ou a divisão territorial promovida pela divisão das línguas na época da construção da Torre de Babel. Vamos analisar os seguintes parâmetros:

1º) O texto indica que possivelmente foi uma divisão abrupta e não gradual ocorrida através de anos ou épocas, como seria no caso dos filhos de Noé. Ele parece se referir a uma divisão em um pequeno período de tempo, respaldado pelo fato dela ser citada quando os descendentes de Noé já estavam se espalhando, e não quando começaram a se espalhar.

2º) A divisão territorial causada pela divisão das línguas faz sentido em ser algo mais abrupto, porque em Gênesis 11:9 temos um indício claro, e no período da construção da Torre de Babel só havia um idioma universal (Gn. 11:1–8). Isso provavelmente revela que as populações estavam limitadas a uma restrita abrangência geográfica e territorial, porque é revelado pela Bíblia que as populações eram mais agrupadas por causa da conexão com um único idioma que havia; sendo assim, tudo indica que elas estavam confinadas a uma única abrangência geográfica por causa do idioma universal da época.

Em suma, se for colocado tudo na balança, o que vão existir são possibilidades. É possível que Gênesis 10:25 se refira exclusivamente à divisão de diversos povos através do surgimento de vários idiomas, quando o Senhor divide a linguagem universal em Babel, ou essa passagem se refere, seja em menor grau de possibilidade, à divisão de povos através dos filhos de Noé, ou ainda à divisão de grandes placas de terra.

2. POR QUE HOUVE UMA DIVISÃO EM GÊNESIS 10:25?

Vamos analisar especificamente aqui o objetivo da construção da Torre de Babel e a implicação de Ninrode nesse projeto. A Torre de Babel era em si uma rebelião contra Deus, porque o objetivo era construir uma torre tão alta, de uma forma que todos os habitantes vivessem nela, sem precisarem se espalhar geograficamente em outros territórios (Gn. 11:4).

Isso ia contra o desígnio de Deus em Gênesis 1:28 para a humanidade se multiplicar e se espalhar pela Terra, como entendem estudiosos, e Ninrode sendo o primeiro governante de Babel por ser um grande conquistador (Gn.

10:8-12) foi certamente o "cabeça" por trás desse projeto. Diz a Bíblia que nos dias de Éber se dividiu a terra, e por isso pôs em seu filho o nome de Pelegue, que no original hebraico significa "divisão". Como na antiguidade oriental era costume dar nome aos filhos de acordo com acontecimentos importantes, a exemplo de Isaque, que no hebraico significa "risos", isso significa que essa divisão provavelmente ocorreu nos dias de Éber, ou logo após nascer Pelegue. Essa divisão da terra ocorreu aproximadamente quando houve a divisão das línguas na Torre de Babel, porque sendo Éber bisneto de Sem, e Ninrode bisneto de Noé e da linhagem de Cam, a "confusão das línguas" ocorreu num período próximo à divisão em Gênesis 10:25.

Partindo do pressuposto que a divisão das línguas em Babel implicou uma distribuição de povos e territórios, pode ser essa a divisão de Gênesis 10:25, já que cronologicamente esse evento está compatível com a proximidade do nascimento de Pelegue, nesse mesmo versículo.

Esse é um forte argumento a favor dessa interpretação, em contraste com a divisão nesse versículo ser a distribuição geográfica dos três filhos de Noé, como mostrado na Questão 1. Dessa forma, a divisão em Gênesis 10:25 aconteceu provavelmente por causa da espécie de rebelião dos babelitas, que não queriam se espalhar por outros territórios indo contra a ordem de Deus em Gênesis 1:28.

Deus interveio promovendo uma divisão de línguas e consequentemente uma divisão de territórios, cumprindo o seu desígnio dado ao homem. Adauto J. B. Lourenço, em seu livro *Gênesis 1 e 2: a mão de Deus na Criação*, na página 49, diz que essa divisão pode ser a resposta de determinados povos possuírem um nível mais avançado de tecnologia e outros um nível mais baixo, usando tecnologias e conhecimentos preservados desde a era pré-diluviana.

3. NO PERÍODO PRÉ-DILUVIANO HAVIA SOMENTE UM IDIOMA UNIVERSAL?

Indo pela lógica, sim, porque Deus só promove a divisão de línguas quando a construção da Torre de Babel estava sendo realizada. Isso significa que esses novos idiomas que surgiram não foram de imediato desenvolvidos pelos falantes primitivos. Eles tinham a característica de serem protótipos e com o passar do tempo foram sendo atribuídas a eles suas próprias regras específicas, que vemos nos dias de hoje, além da evolução de outros idiomas derivados desses.

De qualquer forma, esse idioma era certamente falado desde o Éden e era um tanto complexo, considerando que antigas civilizações possuíam sabedoria e inteligência para fazerem feitos extraordinários e revolucionários, como as pirâmides egípcias, mais ainda possivelmente no estado original do homem, quando sua capacidade intelectual certamente era ainda maior, por seu estado de perfeição num contexto biológico e genético, a despeito das mutações deletérias ou danosas acumuladas em peso nos últimos 5.000 a 10.000 anos. Isso significa que de certa forma o idioma falado desde o Éden até Babel era complexo.

4. QUAL ERA O IDIOMA UNIVERSAL DESDE O JARDIM DO ÉDEN ATÉ O PERÍODO DA CONSTRUÇÃO DA TORRE DE BABEL?

Não se pode ter uma certeza absoluta sobre isso, embora existam alguns que acreditem ser o hebraico, porque a exegese judaica tradicional, a Midrash, insiste que Adão teve como idioma original o hebraico, já que os nomes que ele dá a Eva, "Isha" (Gn. 2:23) e "Chava" (Gn. 3:20) só fazem sentido em hebraico.

Ainda há outras suposições, como a língua protoindo-europeia, hipoteticamente o ancestral comum das línguas indo-europeias, possivelmente falada há cerca de 5.000 anos pelos indo-europeus; a língua acádia, idioma semítico falado na antiga Mesopotâmia, particularmente pelos assírios e babilônios, tendo o registro escrito mais antigo de todos os idiomas; a escrita cuneiforme, ou o antigo sumério, idioma ainda mais antigo de onde o acádio se deriva, e isolado, não tendo nenhum parentesco com outros idiomas. Esses são certamente idiomas pós-diluvianos.

Existem outras especulações, mas deve ficar claro que quando Adão nomeou os animais foi através de seu idioma, do idioma original da humanidade. Os nomes que Adão deu aos seres vivos foram distintos da concepção compartilhada entre diferentes idiomas, por exemplo: na língua portuguesa o felino feroz com listras é o "Tigre", na língua inglesa o nome é "Tiger". Todos os outros animais possuem essa concepção compartilhada entre diversos outros idiomas. Mas quando Adão os nomeou não havia outros idiomas e nem outros seres humanos; logo, a concepção dos diferentes nomes de animais na atualidade não corresponde aos nomes que ele originalmente deu no início.

5. SE SATANÁS ENGANOU EVA, POR QUE DEUS DIZ À SERPENTE: "SOBRE O TEU VENTRE ANDARÁS E PÓ COMERÁS TODOS OS DIAS DA TUA VIDA", EM GÊNESIS 3:14?

A serpente foi um animal físico que serviu como meio para possibilitar o engano. A Bíblia diz que esse animal era o mais astuto, mas num contexto atribuído à condição de Satanás como sedutor e enganador, porque ele se apossou do corpo físico da serpente para enganar Eva, logo, não está falando do animal físico.

Deus determina essa consequência à serpente, ao animal físico, como medida de resguardar o homem do episódio ocorrido, colocando nela um meio de locomoção onde ela estaria de certa forma subjugada, não porque é culpada, mas para isentar o homem do ocorrido, e isso já apontava para a necessidade de um salvador.

Observe a seguinte analogia: se um fazendeiro desse ao seu filho a guarda de sua fazenda, e este não vigiasse e guardasse como ordenou o pai, possibilitando a fazenda ser roubada e danificada por ladrões, o pai iria correr o risco de colocar a fazenda sob os seus cuidados novamente, se os ladrões ainda estão soltos? Ele não procuraria detê-los de alguma forma?

Ainda dentro dessa analogia, Cristo representa a solução para o problema dos ladrões, que nesse caso é Satanás, e assim a fazenda estaria protegida e resguardada de outros possíveis ladrões, ou seja, a salvação, dando ao filho a chance de vigiá-la de novo. A necessidade de um salvador agora é suprimida, e o homem agora não precisa estar mais em um estado de isenção.

Foi essa a medida de restrição à serpente física, fazendo na realidade uma alusão direta a Satanás, porque no versículo 15 de Gênesis 3 a mulher, referenciada para fazer uma alusão a Cristo, feriria a cabeça da serpente. Logo, não é a serpente física, mas Satanás, que seria derrotado na Cruz do Calvário, ou seja, teria sua cabeça esmagada, como já faz parte do consenso teológico.

A Bíblia em outras passagens se refere a Satanás como uma serpente (Ap. 12:9, 20:2).

6. A ESTRUTURA UNIVERSAL E A TERRA JÁ EXISTIAM ANTES DA NARRATIVA DA CRIAÇÃO?

A criação descrita no começo do livro de Gênesis iniciou-se em um "palco". Em Gênesis 1:2 há a confirmação de que a Terra era sem forma e vazia. Se ela era sem forma, ou seja, sem os moldes topográficos, e vazia, sem nenhum ser vivo, isso significa que ela existia. Na Terra ainda sem forma e vazia havia água e terra, conforme diz Gênesis 1:9, quando Deus ordena haver uma drenagem da água que cobria a terra para um só lugar (Grande Abismo) aparecendo a porção seca, a terra. Isso significa que ela era um planeta totalmente aquático, ou pelo menos tinha poucas áreas não submersas pela água, onde a massa de terra (supercontinente) estava pelo menos em maior parte submersa.

O apóstolo Pedro, em 2 Pedro 3:5, parece corroborar esse cenário: "Porque, deliberadamente, esquecem que, de longo tempo, houve céus bem como terra, a qual surgiu da água e através da água pela palavra de Deus".

Curiosamente, em um recente artigo científico publicado pela *Nature Geoscience*, há a afirmação, de acordo com cientistas, de que a Terra há 3,2 bilhões de anos era um planeta aquático, ou seja, bate corretamente com essa parte da Bíblia. No estudo foi feita a análise da composição de algumas rochas na região noroeste do Outback, na Austrália, e eles procuravam dois isótopos de oxigênio presos nas pedras, o que seria um átomo um pouco mais pesado chamado oxigênio-18 e um átomo mais leve chamado oxigênio-16.

De acordo com o coautor da pesquisa, Boswell Wing, a proporção desses dois isótopos era apenas um pouco menor no solo do oceano há 3,2 bilhões de anos do que é atualmente, apontando que a região esteve submersa pela água. O que sustenta isso é a diferença entre os níveis da substância ser tão pequena, nas áreas que se acreditava estarem fora do mar, e elas deveriam estar cobertas de água para dar essa pequenina diferenciação; caso contrário, essa discrepância seria maior.

"Não há amostras de água oceânica realmente antiga por aí, mas temos rochas que interagiram com a água do mar e 'se lembram' dessa interação", disse Benjamin Johnson, um dos pesquisadores, em um comunicado. O coautor Boswell Wing também fez uma citação: "Não há nada no nosso trabalho que indique que pequenos pedaços de terra saindo dos oceanos não existiam. Nós só não achamos que havia formação em escala global de solos continentais como temos hoje".

Em suma, toda a criação foi na verdade um processo onde Deus originou vida em uma Terra que já existia, e evidentemente por isso, a dimensão universal também existia. Isso significa que a criação em Gênesis não foi algo que partiu do ponto zero, como uma Terra de 6.000 anos, mas uma criação no sentido de gerar vida, como seria em uma pintura feita por um pintor tendo o quadro como base. Essa "pintura" descrita em Gênesis foi realizada através da palavra verbalizada de Deus (Sl. 33:6, 9).

A cronologia bíblica possui aproximadamente 6.000 anos, mas isso considerando que não houve nenhuma lacuna de tempo não preenchida, isto é, que não houve algum salto temporal, o que pode indicar que a cronologia bíblica até os dias de hoje pode possuir mais de 6.000 anos, levando em conta também as dificuldades de apuração arqueológica ligada a tempos bíblicos remotos e imemoriais.

Considerando as resoluções das questões 9, 10 e 11, a vida na terra seria jovem, já que não haveria extensos períodos de milhões de anos de evolução da vida, porque ela já surgiria pronta e em correlação com os dias literais da criação e com a cronologia bíblica, estando na casa dos milhares de anos. A questão é que a Terra já existia antes de haver vida estando "sem forma e vazia" e sendo praticamente um planeta aquático, o que daria margem para ela ter milhões ou bilhões de anos, embora seja muito complexo obter uma idade segura ou incontestável sobre a idade da Terra cientificamente.

Como a Bíblia trata os eventos ou a idade dessa Terra pré-edênica como desconhecidos, tudo o que envolve possibilidade atrelada a essa era desconhecida deve estar no campo da possibilidade, pois as palavras do texto bíblico devem ter seus limites respeitados. Embora ocorra alguma ponderação científica a respeito de alguma evidência que conflita com os milhares de anos da vida na Terra, isso não significa que necessariamente esses milhares de anos scriam refutados, já que essas evidências podem estar relacionadas à desconhecida e imemorial era pré-edênica.

7. HOUVE VIDA ANTES DA CRIAÇÃO?

Como a Terra e a estrutura universal já existiam antes da narrativa da criação, pode ser que sim ou pode ser que não, isso é impossível de saber de forma definitiva. Contudo devemos considerar que a Terra historicamente de acordo com a Bíblia possui quatro estados: a Terra pré-edênica, citada na Questão 6; a Terra edênica, que durou desde a conclusão da criação no sexto dia até a queda, pois a queda afetou também o mundo natural, já que antes dela o homem tinha o sustento em suas mãos e após ela teve que correr atrás dele (Gn. 3:17–19); após isso temos a Terra pré-diluviana; e após o dilúvio e todas as suas implicações nas mudanças geológicas, topográficas e atmosféricas, a Terra pós-diluviana ou a Terra atual.

As diferentes formas de vida surgem durante a transição da Terra pré-edênica para a edênica, e — considerando que somente a partir desse ponto é que a Terra deixa de ser vazia, no sentido de não ter seres vivos para agora ter — a grande probabilidade é de que antes da criação não havia seres vivos na Terra.

De qualquer forma deve ser tratada como possibilidade a ideia de haver outros planetas como a Terra no período pré-edênico, levando em conta que a revelação da criação em Gênesis está no âmbito e perspectiva terrestre, e não de outro planeta. Isso dá margem para haver outros planetas ou outros corpos celestes como a Terra nesse período desconhecido.

A questão é que a criação engloba todo o universo, e isso reduz a chance de haver vida em outro planeta ou em outra região do Universo antes da narrativa da criação descrita em Gênesis, mas não significa que depois dela outras formas de vida teriam surgido fora da Terra, pois a narrativa da criação está dentro somente da esfera terrestre.

8. DEUS CRIOU OUTRAS FORMAS DE VIDA FORA DA TERRA?

A concepção de "extraterrestre" tem hoje uma definição categórica no que diz respeito a seres inteligentes ou outras civilizações. O caso é que qualquer tipo de vida não terrestre é extraterrestre. A Bíblia não assume nenhuma definição nesse tipo de assunto, seja em qualquer passagem, pois não é algo que ela se dispõe a tratar, mas isso não significa que necessariamente ela extinga qualquer possibilidade de haver vida extraterrestre, como citado no final da Questão 7.

Além disso, essa possibilidade é endossada pelo fato de Deus disponibilizar uma imensa quantidade de vida somente em nosso planeta, considerando o vasto e inimaginável tamanho do universo, contendo conglomerados de bilhões de galáxias apenas no universo observável, com cada galáxia contendo em média centenas de bilhões de estrelas, e por isso muitos sistemas solares, já que a estimativa é que haja pelo menos um planeta orbitando uma estrela em nossa galáxia, ou seja, o nosso sistema solar é somente um de possíveis bilhões de sistemas existentes somente na Via Láctea, onde a estimativa é que ela possua de 200 a 400 bilhões de estrelas.

Levando em conta a imensidão apenas do universo observável, de cerca de arredondados 90 bilhões de anos-luz, existe, sim, de fato a possibilidade de haver vida extraterrestre em contraste com a vida terrestre existente. Um ano-luz corresponde a um ano viajando na velocidade da luz, que é de cerca de 300.000 km/s. Um dia tem 86.400 segundos, ou seja, um ano-luz equivale a 300.000 x 86.400 x 365 = 9.460.800.000.000 de km percorridos.

Se em um ano-luz essa distância em km é percorrida, para percorrer todo o universo observável em km basta multiplicar 90.000.000.000 x 9.460.800.000.000 = aproximadamente 855.000.000.000.000.000.000.000 km, isto é, 855 sextilhões de km.

Carl Sagan, famoso cientista planetário, astrônomo e astrofísico, postulou uma memorável reflexão: "Se não existe vida fora da Terra, então o universo é um grande desperdício de espaço". Essa frase parece ter certa razão considerando a imensidão do universo, e a razão pela qual é nutrida a possibilidade maior de haver vida é que a criatividade de um Deus criador não faria sentido se debruçasse unicamente em uma pequena poeira no universo que é a Terra, já que todo o universo é obra de suas mãos.

9. A TERRA TEM MILHARES DE ANOS?

Existe uma posição entre os criacionistas chamada de "Criacionismo da Terra Jovem" ou "Terra Jovem". Ela é dissidente da ideia da "Terra Antiga", que segundo a ciência naturalista teria 4,5 bilhões de anos. Assim, há também a outra corrente chamada de "Criacionismo da Terra Antiga".

Os métodos de datação são fundamentais para a tentativa da estabilização da idade da Terra, embora haja controvérsias detectadas por parte de renomados cientistas criacionistas do grupo RATE. Isso mostra que as datações não são absolutas e exigem de certa forma pressupostos para serem trabalhadas.

Mas isso seria favorável para uma Terra Jovem? A questão é tentar avaliar e enxugar o maior número de possíveis falhas nos métodos de datação utilizados, para chegar o mais perto possível da idade da Terra. Mas um ponto a ser considerado é separar a idade da Terra como estrutura conforme Gênesis 1:2 — o que biblicamente é impossível, pois a Bíblia não afirma quando a Terra veio à existência — da Terra em seu estado após a narrativa da criação, quando Deus organiza a matéria e permite vida pelo poder de sua palavra, conforme Salmos 33:9.

Em concomitância com o citado na Questão 6 e de acordo com a resolução das questões 10 e 11, a vida na Terra seria jovem, já que não haveria extensos períodos de milhões de anos de evolução da vida, porque ela já surgiria pronta e em correlação com os dias literais da criação e com a cronologia bíblica, estando na casa dos milhares de anos.

Pode-se então concluir que a vida na Terra é jovem, ainda mais considerando que as árvores mais antigas do planeta estão entre 3.000 e 5.500 anos de idade. Como a Bíblia se "cala" para dizer qual seria a idade da Terra propriamente dita, os métodos científicos de datação podem nos auxiliar nessa tarefa, embora haja divergências entre os defensores da Terra Antiga e da Terra Jovem, além de inconsistências nos métodos de datação alegadas por cientistas criacionistas renomados.

Nesse caso o mais seguro e honesto seria dizer que a idade da Terra desde o ponto em que surgiu até hoje não pode ser definida, embora possa haver estimativas para a sua idade.

10. DEUS DETERMINOU AOS ANIMAIS EVOLUÍREM E SE TORNAREM UMA OUTRA ESPÉCIE NO DECORRER DE MILHÕES DE ANOS?

O conceito de microevolução ligado à proliferação

A microevolução condiciona uma evolução dentro da própria espécie, resultado de um processo gradativo de adaptação. Por exemplo: os Bajaus, que são um povo que habita as ilhas do sudeste asiático nas Filipinas, Malásia e Indonésia, composto por cerca de 1,1 milhão de pessoas, de acordo com um estudo publicado na revista científica inglesa *Cell* em 2018, eles tinham o baço 50% maior em relação a etnias vizinhas, sendo esse órgão o responsável por filtrar o sangue, reciclar glóbulos vermelhos danificados e produzir e armazenar glóbulos brancos, fornecendo oxigênio extra para a corrente sanguínea quando ele se contrai durante a falta de ar.

Essa distinção, de acordo com o estudo, é genética pelo fato do tamanho do baço ter variado nos indivíduos mergulhadores e não mergulhadores do povo Bajau, que há centenas de anos mergulham nas águas do sudeste asiático como prática de um meio de subsistência. Os cientistas identificaram 25 mutações significativas no genoma dos Bajaus comparadas às outras etnias asiáticas, e uma delas é no gene PDE10A, associado ao tamanho do baço, possibilitando eles passarem mais tempo embaixo d'água naturalmente.

O que vemos nesse povo é que as práticas aderentes a esse estilo de vida percorreram centenas de anos em adaptação, isso possibilitou nos indivíduos posteriores o resultado genético, que foi o aumento do baço. A microevolução ocorreu nesse povo, resultado de um processo gradativo de adaptação, ocasionando uma evolução dentro da própria espécie, pois eles continuam sendo seres humanos.

Nesse caso os indivíduos anteriores foram fruto de multiplicação através do tempo, revelando que a espécie humana tem uma origem. Isso significa que a proliferação desse povo geraria indivíduos concernentes com a origem, ou "protótipo" dessa espécie, provando que nesse limitado tempo de proliferação de um indivíduo para outro não ocorreria um salto para ele se tornar outra espécie. Uma espécie sempre gerará indivíduos de sua própria espécie e também diversificações, numa certa intensidade que respeite as características dessa espécie ou família.

Embora os evolucionistas comumente não usem os termos "microevolução" ou "macroevolução", conceito que será visto adiante, os dois termos parecem existir pelo menos de forma implícita na teoria evolucionista, considerando que na teoria o processo evolutivo é o mesmo.

A ancestralidade em um mesmo gênero

De acordo com a Teoria da Evolução, no caso da origem dos humanos e das espécies de macacos há um ancestral em comum, um elo não descoberto ou perdido, que deu origem aos humanos e outras espécies humanoides dentro de uma ramificação, e aos chimpanzés e outras espécies de símios dentro de outra ramificação, mas em relação a isso existe uma possível questão: E a fêmea desse ancestral em comum?

Esse ancestral em comum deveria ter uma fêmea para permitir essas ramificações, mas como ramificações distintas e diferentes surgiriam de um macho e fêmea progenitores?

A própria biologia diz que quando ocorre hibridismo geralmente não ocorre descendência, por causa da incompatibilidade dos genes. Pode ocorrer um fenômeno prolífico, como no caso dos Ligres e Tigreões citados adiante e fruto de cruzamento entre Leões e Tigres, mas os machos dessas espécies são inférteis e por isso elas não podem ter descendências. Descendências de espécies só ocorrem com machos e fêmeas compatíveis geneticamente.

A natureza nos mostra um casal de determinada espécie gerando outros de sua espécie, e isso é incompatível com a ideia de um casal ancestral que possibilitou duas ramificações. Vejamos alguns pontos:

1) Esse macho não poderia ter outra fêmea que não correspondesse a ele. Caso ocorresse algum hibridismo, não ocorreria uma descendência, e por isso o processo evolutivo seria interrompido por causa dos híbridos que não se multiplicariam.

2) Para isso ele teria que ter uma fêmea junto a ele, os quais permitiriam evoluir para uma ramificação por causa da compatibilidade de genes permitir essa descendência.

3) Isso faria ser improvável para esse casal permitir uma futura separação entre duas ramificações distintas, mesmo considerando a cladogênese (processo em que ocorre a possibilidade de grupos se isolarem da população original, e através da irradiação adaptativa se adaptarem isoladamente em diferentes regiões ocasionando posteriormente o surgimento de novas espécies), isso porque o que podemos ver na natureza é um ancestral que permite variações, mas dentro de seu próprio gênero, por exemplo: as aves do gênero Sporophila, que tem nomes de pássaros populares no Brasil como o coleiro (*Sporophila caerulescens*), o coleiro-baiano (*Sporophila nigricollis*) e o bigodinho (*Sporophila lineola*), descendem de um ancestral que detinha as características desse gênero, e através dele temos as diversificações que são o resultado de adaptações a um meio de sobrevivência e ambiente, que resultam nessas espécies citadas anteriormente.

A questão do ancestral símio comum ou "elo perdido" é que ele viabiliza duas ramificações distintas biologicamente, uma que possibilitou vir o *Homo sapiens*, que é o ser humano atual, e outra que originou os chimpanzés e os bonobos. Pode ser que realmente haja similaridades no DNA entre humanos, chimpanzés e bonobos, mas similaridade não significa necessariamente ancestralidade.

Quanto a isso Georgia Purdom, PhD em genética molecular pela Universidade de Ohio State, diz em seu documentário em DVD chamado *A genética de Adão e Eva* que: "a genética mostra claramente que humanos e chimpanzés não compartilham um ancestral comum. Há muitas, muitas diferenças em seu DNA que minam completamente a possibilidade de ancestralidade compartilhada".

Esse elo perdido entre humanos e símios foi proposto em algumas descobertas. O mais famoso caso dessa proposta é a de Lucy, descoberta na Etiópia em 1974. O cérebro era pequeno e sua estatura não passava de um metro. Foi classificada entre os *Australopithecus afarensis*, e por muito tempo ocupou o posto de "avó" da humanidade. Em 1992 ela perdeu a "vaga" para um *Ardipithecus ramidus*, encontrado também na Etiópia. Conforme uma pesquisa publicada pela plataforma *G1*, em 2012, foi descoberto no Mianmar, no sudeste asiático, um fóssil que representa um "elo perdido" na evolução dos primatas. O animal foi descrito como um "Afrasia djijidae" pela *PNAS*, revista da Academia Americana de Ciências.

Um fato que vem à tona é que não se sabe quem é o ancestral comum entre humanos e os símios. Alguns podem conceber que esse "elo perdido" se extinguiu, porque prosseguiu no processo evolutivo, ou ainda que ele permanece perdido.

A imutabilidade nos fósseis

De acordo com a Paleontologia, os chamados "fósseis de transição" correspondem a um resíduo fossilizado de uma forma de vida que exibe características que correspondem a um grupo de animais ancestrais e aos descendentes posteriores derivados; por exemplo, no caso da transição dos dinossauros para os pássaros, um fóssil que tem características reptilianas e passeriformes. Existe uma incompletude no registro fóssil, e isso permite não revelar o ponto de transição onde os animais teriam evoluído e demonstrado características físicas divergentes.

Por causa disso existe uma descontinuidade no registro fóssil relativo aos elos de transição, de uma espécie para outra, que caminham para uma certa imutabilidade. Se a evolução fosse um fato, haveria milhões de fósseis que corroborariam esses elos de transição. Observando o documento fóssil, fica nítida a existência de uma sucessão hierárquica das formas de vida ao longo da passagem do tempo. Quanto mais antigos os estratos fósseis, mais inferiores são as espécies da escala biológica.

O Dr. Giuseppe Sermonti (Roma, 1925 - 16 de dezembro de 2018), especialista em genética dos micro-organismos, ex-diretor da Escola Internacional de Genética Geral e professor da Universidade de Peruggia, e Roberto Fondi, professor de paleontologia da Universidade de Siena, no livro: *Dopo Darwin: critica all' evoluzionismo*, afirmam nesse sentido que: "é se constrangido a reconhecer que os fósseis não dão mostras de fenômeno evolutivo nenhum... Cada vez que se estuda uma categoria qualquer de organismos e se acompanha sua história paleontológica... acaba-se sempre, mais cedo ou mais tarde, por encontrar uma repentina interrupção exatamente no ponto onde, segundo a hipótese evolucionista, deveríamos ter a conexão genealógica com uma cepa progenitora mais primitiva. A partir do momento em que isso acontece, sempre e sistematicamente, este fato não pode ser interpretado como algo secundário, antes deve ser considerado como um fenômeno primordial da natureza".

Um exemplo nítido de descontinuidade no registro fóssil é o que pode ser encontrado na passagem do Pré-Cambriano (primeira era geológica) para o Cambriano. No primeiro encontramos uma certa variedade de micro-organismos: bactérias, algas azuis etc. Já no período Cambriano, repentinamente, o que surge é uma extensa variedade de invertebrados, muito complexos em relação às formas de vida Pré-Cambrianas: ouriços-do-mar, crustáceos, medusas, moluscos etc. Esse fenômeno é tão extraordinário que ficou conhecido como "explosão cambriana".

Se a evolução realmente tivesse acontecido, a aparição dessa vasta gama de espécies do Cambriano deveria indubitavelmente estar precedida de uma série de formas de transição entre os seres unicelulares do Pré-Cambriano e os invertebrados do Cambriano. Não foi encontrado nada no registro fóssil até hoje.

Observe o esquema a seguir:

ESQUEMA DAS FORMAS DE TRANSIÇÃO OU ELOS DE TRANSIÇÃO

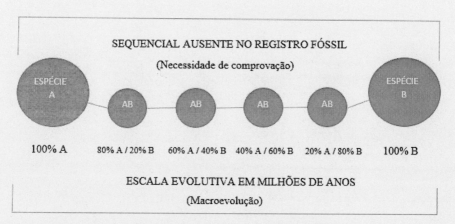

Observação: essa cadeia está em uma escala reduzida para representação.

Mesmo que um animal apresentasse características de dois grupos diferentes, não poderia ser tratado como um elo real enquanto os demais estágios intermediários não fossem descobertos por fontes paleontólogas.

Um outro estudioso chamado David B. Kitts, da Escola de Geologia e Geofísica da Universidade de Oklahoma, escreveu: "Apesar da brilhante promessa de que a paleontologia fornece um meio de 'ver' a evolução, ela apresentou algumas dificuldades desagradáveis para os evolucionistas, a mais notória das quais é a presença de 'lacunas' no registro fóssil. A evolução requer formas intermediárias entre espécies e a paleontologia não as fornece".

Muitos dos grandes biólogos e naturalistas do final do século XVIII e início do século XIX apontavam que a Teoria da Evolução de Darwin falhou em explicar a descontinuidade de espécies que deveriam preencher as evidências relativas das formas de transição.

Podemos chegar à conclusão, de acordo com as colocações feitas, de que a ausência de fósseis de transição favorece a ideia da microevolução, existente no processo de adaptação, dentro das linhagens específicas das espécies, que se multiplicam dentro de suas próprias espécies. Para uma microevolução ocorrer precisa de um fator externo, isto é, uma mudança no padrão de sobrevivência em um determinado ambiente, como no caso dos Bajaus, que por centenas de anos passavam muito tempo embaixo d'água caçando para buscarem alimento, se adaptando a essa realidade e transmitindo geneticamente o resultado dessas adaptações às gerações seguintes, no caso do aumento do baço.

As limitações de diversificação numa espécie

As espécies microevoluem de acordo com a mudança no padrão de sobrevivência, no caso de transacionarem para outro ambiente, ocasionando possíveis mudanças em seu Fenótipo, que são características observáveis relacionadas a aquisições do indivíduo ao longo do tempo em sua interação com o devido ambiente, diferentemente do Genótipo, que é o conjunto de todos os genes do indivíduo, compondo o Genoma, e que diz respeito à carga genética de um indivíduo desde o momento da concepção, sendo inalterada.

Essas mudanças estão de acordo com o limite da variabilidade genética, ou seja, há um limite para essas mutações genéticas dentro da própria espécie; por exemplo: se for colocado um animal com características restritamente marinhas para sobrevivência na água, na terra, e se fizer a mesma coisa com um animal terrestre, ambos irão morrer, porque eles podem microevoluir, mas dentro das limitações de sua variabilidade genética.

Por outro lado os evolucionistas definem que as mudanças graduais onde houve a transição de uma determinada espécie da água para a terra compreendem um processo muito lento, dentro de uma escala de milhões de anos, e por isso não pode ser observado.

A questão é o que pode ser observado e conhecido para ser tratado cientificamente, e por esse lado os criacionistas entendem que as espécies podem se adaptar e se diversificar conforme o seu contexto de sobrevivência, mas correspondendo ao limite de variação de um padrão populacional.

Segue a distinção entre animais aquáticos e terrestres:

AQUÁTICOS:

Animais aquáticos são animais que vivem na água. A maioria dos peixes, crustáceos, celenterados, esponjas e cetáceos são animais aquáticos, ou seja, que não podem sobreviver em terra. Animais que vivem na água geralmente respiram através de brânquias, ocorrendo variações de uma espécie para outra. É nas brânquias que o oxigênio presente na água passa para o interior do corpo e que o dióxido de carbono que está no corpo do animal passa para a água. Esse tipo de respiração acontece na maioria dos animais aquáticos.

TERRESTRES:

Animais terrestres são animais especificamente adaptados à sobrevivência em terra e vivem todo ou a maioria de seu tempo na terra. Animais que vivem na terra respiram através de pulmões, ocorrendo em todos os vertebrados terrestres. Nos anfíbios, além da respiração pulmonar, ocorre uma outra troca gasosa na superfície de seus corpos chamada de respiração cutânea. Animais que compõem os répteis, aves e mamíferos possuem uma respiração limitada somente aos pulmões.

A conclusão que se pode tirar é que, de acordo com as abordagens feitas até aqui, não existe macroevolução, ou seja, evolução acima do nível de espécie, onde uma se tornaria outra no decorrer de milhões de anos. Isso significa que na origem das espécies descrita em Gênesis houve uma proliferação através do tempo em espécies identificadas como famílias ou gêneros. Com o passar do tempo foi-se obtendo variações nessas famílias. Assim, na configuração original tinha um macho e uma fêmea, gerando outros indivíduos diversificados por causa de adaptações ligadas à sobrevivência e proliferação, por ordem do próprio Deus.

Macho e Fêmea compatíveis

Se uma espécie chegasse num ponto de proliferação onde ocorresse uma interferência de outra espécie nela, não haveria a interrupção do ciclo prolífico, porque uma população já foi formada. Do contrário a biodiversidade seria prejudicada, no caso de todas as espécies fazerem isso quando surgissem na natureza; por exemplo: se uma zebra macho cruzasse com uma leoa e nascesse um indivíduo, e se uma hiena macho cruzasse com um antílope fêmea e nascesse um indivíduo, teríamos um problema nas descendências desses animais progenitores, já que, como citado, a própria biologia afirma que quando há hibridismo geralmente não ocorre descendência, por causa dos genes incompatíveis.

Entre os cruzamentos com a intervenção do homem entre machos e fêmeas de leões e tigres, obtiveram-se os resultados:

A) Ligre: cruzamento entre um leão e uma tigresa, onde os machos são estéreis, o que significa que essa espécie não pode se reproduzir.

B) Tigreão: cruzamento entre uma leoa e um tigre, onde os machos também são estéreis, inibindo a proliferação dessa espécie. Somente as fêmeas de Ligres e Tigreões são férteis.

Todos esses cruzamentos e as variações deles, Tiligre e Liligre, só ocorrem por ação do homem. O que pode haver com o hibridismo é a formação de uma prole, mas não de uma descendência. Se esses cruzamentos randômicos ocorressem de forma descontrolada, seria um ciclo infinito de subtração de descendências, o que não condiz com a biodiversidade que temos hoje, ou seja, um ponto positivo para a origem descrita em Gênesis.

A ideia de macho e fêmea restringida por um desígnio direcionado

Por outro lado, a Teoria do Design Inteligente, que ganhou força na década de 1990 após Michael Behe ter seu livro publicado em 1996, chamado *A caixa-preta de Darwin*, em suma, afirma que os elementos da realidade apontam e foram planejados por uma ação inteligente. Isso é notável quanto às espécies se reproduzirem dentro de suas próprias espécies, porque lhes permite terem descendências compatíveis.

Nesse caso claramente se observa um padrão, e esse padrão demanda e aponta para um desígnio anterior, indicando uma lógica por trás. Se processos naturais, não direcionados, sucessivos e lentos ao longo de milhões de anos fosse a resposta para isso, não haveria como possibilitar essa clara organização fecundativa que demonstra propósito.

Além disso, ações não direcionadas não podem sustentar toda uma cadeia de proliferação de espécies que perdura por muitos anos direcionando cada macho e cada fêmea de uma espécie a procriarem. Isso só é possível quando há um desígnio para eles procriarem dentro de suas próprias espécies, e isso só é possível com a inferência de uma ação inteligente. A conclusão teológica é que nesse caso fica lúcida a ordem de Deus em Gênesis para os animais se multiplicarem segundo a sua espécie.

Para ficar ainda mais nítido, vamos imaginar um exemplo de uma frase musical já elaborada. Um músico, não sabendo como a executa, procura reproduzi-la de qualquer jeito, tentando de uma forma aleatória a combinação da frase musical com os seus dedos em um saxofone. A quantidade de vezes que ele vai ter que fazer isso até dar certo é inimaginável, isso se der certo. Nesse caso seria infinitamente pior para a Evolução, com suas ações não direcionadas, acertar a combinação de cada macho e fêmea compatíveis se proliferando por milhares de anos, e a mesma lógica pode ser aplicada nos satélites naturais que giram em torno dos planetas, e dos planetas que orbitam as suas estrelas.

Se o saxofonista ler a partitura e tocar a frase musical, isto é, com uma inteligência racional, a melodia musical irá soar corretamente, e trazendo esse conceito para a natureza, as combinações de cada macho e fêmea de uma espécie também só podem funcionar por milhares de anos com o desígnio de uma ação inteligente, que só pode vir através de alguém dotado de inteligência.

A evolução nesse caso irá propor uma outra resposta, através de um mecanismo chamado de Seleção Natural. O processo de seleção inclui como base as numerosas proliferações e a luta pela sobrevivência em cada espécie. Representa uma seleção em uma população onde as características favoráveis tornam-se mais comuns e as desfavoráveis menos comuns com o tempo.

Dependendo do ambiente haveria as características favoráveis à sobrevivência e reprodução dos indivíduos. Os indivíduos que não possuíssem essas características eram suprimidos na competição pela sobrevivência nesse ambiente específico. Nesse caso os mais adaptados prevalecem e sobrevivem.

Com o passar do tempo os indivíduos "vencedores" são diferentes de sua população original, isto é, formam a população de uma espécie diferente, através de numerosas microevoluções, e por causa disso foram selecionados. Mas existe uma possível questão: O ambiente que foi o "palco" para esse processo também sofreu uma mudança gradativa possibilitando a inclusão das espécies que macroevoluíram (especiação biológica), já que teriam se passado milhões de anos?

O impasse da mudança gradual em escala de milhões de anos através dos fósseis

Para adaptações ocorrerem em uma espécie original possibilitando futuramente uma diversificação em um clado, mudanças em padrões de sobrevivência quando há uma transição para um ambiente diferente são necessárias, já que para haver uma diversificação nesse contexto seriam necessárias também mudanças adaptativas relativas ao ambiente.

Usando como referência um urso nadando de boca aberta que posteriormente numa escala evolutiva de milhões de anos se tornou uma baleia, como postula Darwin no seu famoso livro, as mudanças graduais ou microevoluções nesse processo até o urso se tornar uma baleia deveriam estar acompanhadas de adaptações a ambientes específicos para esse processo ter andamento, já que uma adaptação está correlacionada com o ambiente.

A verdade é que o próprio Darwin admitiu um problema: "A geologia certamente não revela nenhuma mudança orgânica gradativa, e possivelmente essa é a objeção mais óbvia e séria que pode ser usada contra a teoria" (Darwin, *A origem das espécies*, p. 152).

De acordo com a colocação do próprio Darwin, a geologia não oferece provas concretas de elos de transição ou fósseis de transição, como já tratado anteriormente. Como hoje as espécies sobrevivem em seus respectivos ambientes, logo, a imutabilidade relativa a mudanças gradativas visível nos fósseis caminharia junto com essa definição, porque se de acordo com fontes paleontólogas não há comprovações de mudanças evolutivas em fósseis de transição, logo, o ambiente dessas espécies que foram fossilizadas também deveria se deter em um concreto estado de imutabilidade.

De acordo com os parâmetros abordados nesta questão, vemos que não existe a possibilidade de haver macroevolução, que seria fruto de algo sucessivo, lento, não direcionado ao longo de milhões e milhões de anos. O relato da criação em Gênesis no que tange a uma ação direcionada, planejada e com propósito favorece o relato das espécies gerando outros segundo suas espécies possibilitando diversificações dentro de um mesmo gênero, e não sendo nesse caso fruto de algo não direcionado.

Entretanto deve ser ressaltado que Darwin contribuiu de forma significativa para a nossa compreensão a respeito do comportamento e das implicâncias naturais visíveis nos seres vivos, em correlação com a sobrevivência e as diversificações que diferentes espécies possuem.

11. A CRIAÇÃO FOI FEITA DENTRO DE SEIS DIAS LITERAIS?

A literalidade dos dias da criação à luz da Teologia

Dentro da concepção literalista dos dias da criação fica evidente a existência do tempo cronológico, evidenciado pelas tardes e manhãs no término de cada dia da criação. Isso significa que ele teve uma origem, e essa origem não oferece uma certeza relativa a quando o "Chronos" surgiu. No entanto, no "Haja luz" de Gênesis 1:3 ocorreu possivelmente o surgimento dos fótons, que são as partículas elementares que compõem a luz, porque Deus chama essa luz de "Dia" e as trevas de "Noite", logo depois de separar a luz das trevas (Gn. 1:4).

Em Gênesis 1:14 ele determina os astros de acordo com essa separação, ou seja, os que seriam diurnos e noturnos servindo para contar a passagem do tempo, e isso revela que possivelmente no "Haja luz" houve o princípio do tempo cronológico, porque nesse caso há uma ligação entre luz e passagem do tempo, isto é, o Sol com a luz solar determina a passagem do dia, e a Lua com a claridade lunar incluindo estrelas a passagem da noite.

De acordo com a conclusão abordada na Questão 10, não houve períodos extensos de evolução da vida, e isso fornece um concreto apoio à ideia dos seis dias literais por causa dos seres vivos que nesse caso surgiriam prontos para a vida. Isso é corroborado por algumas passagens: Salmo 33:6 — *"Pela palavra do SENHOR foram feitos os céus, e todo o exército deles pelo sopro da sua boca"*; Salmo 33:9 — *"Pois ele falou, e tudo se fez; ele mandou, e logo tudo apareceu"*; Êxodo 20:9 — *"Seis dias trabalharás, e farás todo o teu trabalho"*; 10 — *"mas o sétimo dia é o sábado do SENHOR teu Deus..."*; 11 — *"Porque em seis dias fez o SENHOR o céu e a terra, o mar e tudo o que neles há, e ao sétimo dia descansou..."*.

Além disso a palavra hebraica para dia na criação é "Yom". Ela também pode se referir a um período de mais de 24 horas, mas os dias na criação têm um complemento que os define como dias literais, que são os numerais definidos que vêm junto com o Yom. Esses numerais vão do primeiro ao sexto:

Gênesis 1:5 — "... E foi a tarde e a manhã, o dia **primeiro**."

8 — "... E foi a tarde e a manhã, o dia **segundo**."

13 — "E foi a tarde e a manhã, o dia **terceiro**."

19 — "E foi a tarde e a manhã, o dia **quarto**."

23 — "E foi a tarde e a manhã, o dia **quinto**."

31 — "... E foi a tarde e a manhã, o dia **sexto**."

Gênesis 2:3 — "Abençoou Deus o sétimo dia, e o santificou..."

Como há uma sequência numeral de dias, e isso fica inviável para determinar eras, como interpretam alguns a respeito dos dias da criação, realmente aqui os dias da criação são literais, considerando que tarde e manhã só podem haver em um dia literal. Com todos os pontos vistos nesta questão, e considerando que as espécies surgiram prontas na natureza para se multiplicarem e se adaptarem como visto na Questão 10, os dias literais não só se encaixam num contexto natural, mas também em um teológico e bíblico.

A literalidade dos dias da criação à luz da Teoria do Design Inteligente

Os dias literais da criação podem ainda ter a sua literalidade estendida através da seguinte ideia: "Quando há uma organização significa que há intencionalidade. Se há intenção isso revela que há uma racionalidade, pois não poderia haver intenção em algo não-direcionado".

A vida como conhecemos claramente demonstra organização, e se há organização há também intenção, e consequentemente racionalidade. Processos naturais não direcionados não explicam a organização da vida e do universo, pois não são constituídos de intencionalidade, logo, a intenção e racionalidade que se revelam na organização da vida só poderiam surgir de uma mente inteligente, isto é, a vida é inteligível.

A organização no universo e na vida necessariamente dependeria de uma inferência de alguém racional, e isso não poderia depender de um "golpe de sorte", onde processos naturais não direcionados e não guiados achariam uma probabilidade de formar a vida, pois a organização que vemos na vida requer uma clara inferência de alguém racional.

Partindo para uma analogia, temos dois pintores profissionais, um representa processos naturais não guiados e outro organização intencional e planejada. Eles têm um tempo determinado para concluir uma pintura detalhada em um quadro, o primeiro deles está vendado e deverá pintar o quadro dessa forma e apenas puxando pela memória.

Já o outro deverá pintar o quadro olhando para o próprio rascunho da pintura, ou seja, este representa a organização intencional e planejada. Qual dos dois terá o êxito de concluir primeiro a pintura, considerando a altíssima improbabilidade do pintor vendado conseguir concluir a pintura?

Obviamente que será o pintor sem venda, e isso significa que de acordo com esta analogia a organização na vida que requer intencionalidade só poderia surgir através de um designer ou causa inteligente, que organizaria as "tintas" em uma "pintura", de uma forma que compensaria o tempo necessário para a organização ficar pronta, e ela não poderia esperar o pintor vendado concluir a obra no quadro, isto é, processos naturais não guiados formarem a vida.

Assim, a organização intencional compensaria a ordem visível no universo e na vida de uma forma que colapsaria o tempo da probabilidade de um acidente do acaso formar a vida e o universo. Essas colocações formam basicamente a decifração da Teoria do Design Inteligente (TDI), apresentada anteriormente na Questão 10. A assertiva da Teoria do Design Inteligente é a seguinte: "A teoria do design inteligente (TDI) é a Ciência de detecção — ou não — de design inteligente. Ou seja, é o estudo científico de padrões na natureza que possam referendar — ou descartar — a ação de uma mente inteligente como a causa de um efeito. A TDI é, portanto, a Ciência que propõe estabelecer quando, frente aos efeitos Universo e Vida, se estamos cientificamente autorizados a inferir se a causa primeira mais provável desses efeitos seria a ação de uma mente inteligente ou a de forças naturais não guiadas" (https://www.tdibrasil.com/).

É válido destacar que a TDI não é um tipo de criacionismo por causa de sua atividade e definição, mas esbarra com certas proposições criacionistas em certas características similares, o que não impede criacionistas e cristãos de fazerem uma ponte com ela, pois as implicações filosóficas e teológicas que ela permite apontam para uma mente inteligente, que no caso dos cristãos e criacionistas bíblicos seria Deus, revelado pela Bíblia, que é a sua Palavra.

A Teoria do Design Inteligente possui quatro fundamentos essenciais que demonstram uma detecção de inteligência:

1) Complexidade Irredutível:

Para pegar um rato dentro de um prazo para que ele não fuja, não haverá a espera da ratoeira ser feita sozinha por processos aleatórios e isentos de objetivo, mas alguém preparará a ratoeira para pegar o rato. Essa necessidade torna inviável a espera dela de se formar sozinha com o passar do tempo.

Da mesma forma, esse conceito pode ser aplicado na origem da vida e do universo. A vida como conhecemos demonstra organização, e por isso objetividade, indicando sinal de inteligência. Isso mostra que o início de tudo requereu uma necessidade de objetivo, e isso antecedeu por repressão à possibilidade do acaso não direcionado ter dado o ponto de partida da existência.

Esse conceito pôde ser demonstrado por Michael Behe através da Complexidade Irredutível, fundamento apresentado em seu livro *A caixa-preta de Darwin*, que define bem a questão da necessidade, pois ela diz que sistemas biológicos presentes nos seres vivos exigem não haver uma redução, porque essa redução de uma parte que está interagindo com outras ocasionará a perda de função efetiva ou primária desse sistema.

A Complexidade Irredutível de um sistema reprime a ideia dele ser feito por processos aleatórios e lentos ao meio darwiniano, pois para ele desempenhar sua função exigiria que ele estivesse pronto desde o início para haver a compensação do tempo necessário para a função desse sistema estar em ação.

Para exemplificar, vamos imaginar que uma determinada função exigiria 5 minutos para iniciar. As partes organizadas para possibilitá-la deveriam estar prontas dentro desse prazo, ou o sistema não poderá funcionar. Isso torna processos aleatórios, lentos, graduais e não direcionados totalmente inviáveis para esse fim, logo, esse sistema demonstra organização e propósito, ou seja, sinal de inteligência.

Em resumo, de acordo com as colocações anteriores, os dias literais da criação em Gênesis são grandemente reforçados, pois eles se encaixam nessas proposições que definem a vida ter seu ponto de partida em um limiar complexo e funcional, em clara dissidência com o surgimento da vida ao meio evolutivo.

2) Ajuste Fino:

Esse argumento se baseia num contexto de estruturação, pois ele define que cada aspecto do universo e da vida está perfeitamente alinhado e posicionado para sustentá-la, ou seja, um ajuste fino. Se houver uma pequena alteração nesse ajuste, a vida não seria sustentada.

Esse fundamento da TDI se parece com a Complexidade Irredutível no que tange às partes estarem organizadas e exigirem uma estabilidade, mas nesse caso a abrangência desse conceito atinge uma escala universal.

Existem 26 constantes físicas fundamentais, e se houver qualquer mudança em uma delas o universo se tornaria radicalmente diferente; por exemplo: se a força nuclear forte fosse 2% mais forte do que é (isto é, se a constante associada representando sua força for 2% maior), diprótons seriam estáveis e o hidrogênio se fundiria em diprótons em vez de deutério e hélio. Isso alteraria drasticamente a física funcional das estrelas, e provavelmente impediria o universo de desenvolver vida como ela é observada atualmente na Terra.

3) Informação Abstrata:

O DNA representa uma codificação, pois nele estão contidas todas as informações genéticas de um ser vivo, seja humano ou animal. Em termos gerais, um código demanda inteligência, pois ele é uma formação de caracteres que intuitivamente revelam comandos e informações. Essa formação codificada para ser funcional demandaria uma clara inferência de inteligência para ser formada, suplantando o tempo que demoraria para ser formada através de processos naturais não direcionados e jogados ao acaso aleatório.

Isso significa que o DNA é melhor explicado por uma causa inteligente ao invés de algum processo não guiado, pois ele é um código. Nesse caso a literalidade dos dias da criação ganha mais um reforço, pois o DNA presente nos seres vivos revela que a escala de tempo para ele ser formado não demandaria milhões ou bilhões de anos, mas uma ação direta e intuitiva.

4) Antevidência:

Esse pilar da TDI certamente se revela como o mais forte para sustentar a ideia de uma causa inteligente. Isso porque antevidência significa a solução para um problema que é programada de antemão antes que o problema ocorra. Isso é um sinal claro de inteligência, porque é feita uma previsão e a resolução para essa previsão antes de ocorrer o fato, ou seja, é impossível isso ser originado de processos naturais lentos, graduais, sucessivos e não direcionados.

O livro *Antevidência* do Dr. Marcos Nogueira Eberlin, doutor em Química pela Universidade de Campinas (Unicamp) desde 1988 e PhD em Espectrometria de Massas pela Universidade de Purdue (1991), apresenta evidências de antevidência na vida, dentro da química e bioquímica. Uma delas, citada a partir da página 161, no capítulo 7: "Antevidência em humanos: a reprodução", diz a respeito da fecundação do espermatozoide no óvulo.

Quando há a ocorrência da fecundação de um espermatozoide, enzimas são liberadas permitindo que o óvulo da mulher se enrijeça, impedindo outros espermatozoides de entrarem. Assim, há o impedimento da ocorrência de polispermia gerando o crescimento de um tumor, causando a possível morte da mulher. Esse exemplo define o conceito de antevidência, pois a solução, que é o enrijecimento do óvulo, ocorreu antes do problema, que é a ocorrência de um possível tumor após a fecundação.

Esse livro apresenta também inúmeros exemplos de antevidência nos mais diversos seres vivos, sendo aclamado pela crítica internacional e endossado por ganhadores de prêmio Nobel. A partir da requisição de inteligência para ser possível ocorrer a antevidência visível nos seres vivos, e partindo para o criacionismo bíblico, temos aqui mais uma evidência dos dias literais da criação em Gênesis, por causa da palavra criadora de Deus, quando ele já define a organização da existência permitindo a vida ser inteligível e funcional, e não fruto de processos lentos, graduais, sucessivos e não direcionados, pois isso penderia para a aleatoriedade.

Os dias literais em uma concepção filosófica

Se considerarmos o acaso, que significa ausência de propósito, a "causa" de uma organização, como explicar a possibilidade dele existir? Ele não poderia vir do nada absoluto, logo, ele deveria estar sujeito a uma causa; por exemplo: se uma ventania forte incide sobre algumas árvores, e alguns ramos ou galhos são desprendidos, existirá algum propósito nisso?

A ALIANÇA PRÉ-DILUVIANA:
A IMPLICAÇÃO DO RELACIONAMENTO DE DEUS COM OS PRIMEIROS HUMANOS

Não, porque é simplesmente o efeito da força do vento sobre a árvore que produziu uma consequência, isto é, a árvore ter ramos ou galhos desprendidos. Um outro exemplo seria uma onda do mar em uma praia desmontar um castelo de areia. A onda teria o propósito de desmontar o castelo? Não, porque seria somente o efeito da força da onda sobre o castelo.

O que se pode concluir por meio desses exemplos é que o acaso depende de uma causa, que nos exemplos anteriores seriam a incidência de uma ventania forte e a força da onda sobre um castelo de areia, logo, ele não poderia vir do nada absoluto. A questão é que considerando este universo, que estaria num ponto onde tudo o que existe nele, incluindo ele, estaria confinado nesse único ponto, como é a concepção do modelo do Big Bang, a pergunta é: De onde surgiu esse ponto?

Não poderia haver a possibilidade desse ponto surgir por algum acaso ou vazio através do nada absoluto, e nem do nada absoluto, como postulou Parmênides através da expressão em latim: *Ex nihilo nihil fit*, isto é, "nada surge do nada". Isso é inteiramente correto, pois o nada absoluto significa qualquer impossibilidade de surgimento.

A conclusão é que, por este universo demonstrar organização, que requer intenção, e intenção racionalidade, ele não poderia surgir de um único ponto do nada absoluto mesmo considerando esse ponto surgir por um acaso, ou vazio, pois nenhum destes poderia vir do nada absoluto, logo, ele necessariamente requer uma fonte que possua racionalidade e intencionalidade, isto é, um criador ou organizador, que ficaria evidente por meio dos sinais de organização que se vê no nosso universo, na vida e na sociedade, refutando assim qualquer possibilidade dessa fonte ser algo inanimado, pois algo inanimado não pode produzir a capacidade de haver organização intencional naquilo que ele poderia gerar, nesse caso sendo a organização intencional atribuída a seres que podem produzir esse tipo de organização, como nós seres humanos no cotidiano da vida em sociedade.

As leis físicas e as forças naturais podem produzir efeitos ou consequências vindos delas, mas a questão é que não podem produzir a capacidade de haver organização intencional através de seres racionais como nós. Se elas pudessem fazer isso, elas também deveriam ser racionais como nós, isto é, ter a capacidade de produzirem organização racional que vem de uma consciência que pode pensar, falar, reagir, ter sentimentos assim como nós, o que não se verifica nessas leis ou forças naturais, ou mesmo em outros tipos de seres vivos como as árvores. Se essa exclusividade existe em seres vivos conscientes como nós, ou até mesmo em certo grau em animais, ela não poderia vir do nada absoluto, logo, a fonte que possibilitou isso deveria ter essa mesma capacidade.

Em conclusão, tudo o que existe precisa de uma causa, e a exclusividade única de consciência que temos revela que essa causa deveria ter essa mesma configuração, já que isso não poderia vir de fontes que não possuem esse tipo de consciência, e também não deveria vir do nada absoluto. Essa causa seria a fonte de toda a realidade inanimada ou consciente que se vê em nosso universo, e teologicamente essa causa ou fonte seria Deus, que por interferência organizaria a vida e a existência como um todo.

A ação da TDI e o conceito de criacionismo e evolucionismo

CRIACIONISMO: definição ou conceito que parte do pressuposto de que toda organização visível no universo, na natureza e na sociedade não poderia vir do nada absoluto, ou seja, imprescindivelmente exige uma causa.

O criacionismo, entre outras palavras, não é um conceito científico e nem teológico, mas, sim, filosófico, porque o seu eixo central é em torno da ideia de que nada pode surgir espontaneamente, isto é, o nada absoluto não tem a capacidade de possibilitar algo surgir, e isso realmente tem veracidade. A ideia "nada surge do nada", como já citado, vem de Parmênides, um notável filósofo grego, através do termo latino original *Ex nihilo nihil fit*.

O criacionismo em sua definição é em si mesmo uma filosofia, o que não o impede de trabalhar com implicações científicas através de cientistas criacionistas, pois a ideia é que simplesmente aquilo verificado cientificamente não pode ter surgido do nada absoluto. A partir do momento em que se atribui uma causa metafísica para tudo o que existe ou possa existir, pois nada pode surgir do nada absoluto, e isso implicaria uma causa intencional, razões teológicas e filosóficas serão determinantes, ou seja, será Teologia e Filosofia a partir desse ponto.

Aqui é que surge o criacionismo religioso, englobando diversas religiões, ou o criacionismo bíblico, que atribui como causa primária de tudo o que existe ou possa existir: Deus, como define Adauto J. B. Lourenço em seu livro *A Igreja e o Criacionismo*. O criacionismo bíblico então estabelecerá um paralelo entre descobertas ou evidências científicas que estão correlacionadas com passagens bíblicas, através daquilo verificado cientificamente. A sua atividade não parte do pressuposto do que está escrito na Bíblia, mas de descobertas e evidências científicas que coincidiram com passagens ou relatos bíblicos, como, por exemplo, a Terra aquática de supostos 3,2 bilhões de anos, da Questão 6. Isso faz a sua atividade ser cientificamente válida.

O último tipo de criacionismo de acordo com esse livro é o criacionismo científico, que através de suas implicações, análises, estudos e investigações sugere que aquilo estudado e investigado foi fruto de criação, ou seja, demonstra inteligibilidade (ver *A Igreja e o Criacionismo*, 1. ed., Fiel, 2011, p. 21). Isso significa que esse criacionismo está dentro da esfera científica, porque ele só vai dizer através de indícios e evidências que foi criado, e não quem criou. A partir do momento em que é dito quem criou, o que se tem são implicações filosóficas e teológicas, e entra em cena o criacionismo bíblico dentro da esfera judaico-cristã ou o criacionismo religioso, que engloba a implicação de diversas religiões. Portanto, o termo "criacionismo" é amplo e deve ser devidamente aplicado.

EVOLUCIONISMO: definição ou conceito que transmite a ideia ou concepção de evolução ou gradualismo, e postula de forma geral que tudo o que existe ou possa existir surgiu espontaneamente sem ter uma causa primária, ou seja, a vida e o universo podem se organizar sozinhos sem haver qualquer tipo de intenção ou propósito, dentro de processos naturais não guiados moldados por graduações lentas e sucessivas, tratando-se nesse caso da concepção de evolução, atrelada ao naturalismo.

Aqui podem ser encaixadas propostas como o Big Bang ou a Teoria da Evolução. A concepção filosófica é de que tudo surge espontaneamente sem nenhuma causa, ou seja, do nada absoluto, sendo esse o conceito filosófico que define o termo "evolucionismo".

A ciência aplicada nesse cenário estaria atrelada ao naturalismo filosófico, por cientistas naturalistas, onde ela inibe qualquer causa anterior à existência e se apega somente àquilo que é material. Embora existam cientistas evolucionistas que são teístas, cristãos, ou têm alguma religião, isso não os impede de ver a procedência das teorias de cunho evolutivo como isentas de uma causa que permitiu a vida se organizar sozinha, embora a causa nesse caso não tenha uma interferência direta na organização da vida.

A AÇÃO DA TDI: podemos dizer que o criacionismo científico, que é uma vertente do criacionismo em sua definição e conceito, e a Teoria do Design Inteligente (TDI) se baseiam em observações da vida e da natureza, e através de metodologias sistemáticas e estudos baseados nelas é que há a percepção da inferência de inteligência em um sistema natural ou biológico investigado.

O que difere o criacionismo científico da TDI é que esse criacionismo parte do pressuposto de que foi criado, mas a TDI não, pois ela procura avaliar qual seria a melhor explicação para a origem da vida e do universo: processos naturais não guiados ao longo de bilhões e milhões de anos onde a vida se formaria sozinha, ou ela teria se formado através de inferências intencionais demonstradas por evidências naturais indicando sinais de inteligência, e por isso teria uma formação encaixada em inteligência e propósito.

Esses sinais de inteligência apontariam obviamente para alguém inteligente, pois fontes inanimadas não podem produzir inteligência ou sinais de inteligência. Esse alguém inteligente seria o "Designer". Portanto, a TDI configura uma atividade científica válida, pois ela não vai diretamente ao "Designer", mas as evidências consolidadas nos quatro fundamentos da TDI é que apontam para a inferência de inteligência nas evidências observáveis e investigadas, levando diretamente a ele, pois, como já citado, inferências ou sinais de inteligência não podem ser produzidos por fontes inanimadas.

A efeito de comparação, o que a TDI faz pode ser explicado da seguinte forma: um quebra-cabeça é visto por alguém; esse alguém, procurando identificar como teria se formado aquele quebra-cabeça, procura analisar duas possibilidades: o quebra-cabeça se formou sozinho em um certo período de tempo a partir do nada, sem nenhuma causa, intenção ou propósito, ou ele se formou através de um processo guiado que teria encaixado as peças, demonstrando um sinal de inteligência. Sinais de inteligência só podem proceder de fontes inteligentes, e num conceito científico seria este o "Designer", ou a fonte de inteligência. Essa seria a ciência da TDI, que de certa forma se propaga como uma atividade científica válida e imparcial.

A conclusão científica que se pode ter através da TDI é que a mente inteligente ou "Designer" estaria por trás das inferências de sinais inteligentes visíveis e investigados cientificamente na vida e nos seres vivos. A partir do momento em que há a pergunta sobre quem seria essa mente inteligente, as implicações serão filosóficas, e a partir do momento em que há a definição de quem seja, as implicações serão teológicas, acessíveis somente através da fé. Talvez seja nesse ponto que ocorre tantas discrepância e distorções sobre a atividade da TDI, pois muitos erroneamente a associam com religião ou algum tipo de criacionismo disfarçado.

Seguindo a lógica desses opositores, aquilo que é denominado ciência não poderá dizer nada além de matéria, pois nesse contexto o naturalismo filosófico se torna um eixo central. A questão é que a TDI também se limita a isso, pois ela coloca na mesa duas possibilidades para a formação da vida, e ao perceber uma complexa organização no universo e na vida, percebem-se na complexidade dessas organizações sinais de inteligência, que diferem de uma formação lenta, gradual e não guiada ao longo de bilhões e milhões de anos.

Sinais de inteligência não podem ser fruto daquilo que é não guiado, pois aquilo que é não guiado não pode emitir ou produzir sinais de inteligência. A altíssima complexidade de organização investigada na vida, demonstrando sinais de inteligência em dissidência com processos não guiados, e apontando para um intelecto superior ou "Designer", leva os proponentes da TDI a concluírem que essa seria a melhor explicação para a origem da vida e do universo.

Essa conclusão se limita à esfera material, pois os sinais de inteligência observados na complexidade de organização da vida e do universo é que levam os defensores da TDI a uma fonte que possui intelecto e que está antes da formação da vida, ou seja, o "Designer". É nesse ponto que fica a definição da TDI não partir de nenhum pressuposto, pois a sua ciência é praticada de forma imparcial, equilibrando duas causas possíveis para a formação da vida.

O Dr. Marcos Eberlin, em seu livro best-seller *Fomos planejados: a maior descoberta científica de todos os tempos*, define na página 27 o embate entre a TDI e a Evolução num contexto onde há a disputa de dados para saber qual teoria passa melhor pelo afunilamento científico, tendo os dados como a base desse critério. O "Fomos Planejados" é ainda único, ou um entre muito poucos, pois procura debater abertamente nossas origens à luz exclusiva da Ciência, mas sem medos, preconceitos ou "comprometimentos apaixonados", colocando frente a frente as duas teorias adversárias: a da evolução, acéfala e despropositada, e a do DI. Nessa jornada, o confronto dessas duas teorias se dará por um debate que desejo que tenha obedecido à única regra da Ciência: "Siga os dados onde quer que eles o levem, e deixe seu gosto em casa" (ver *Fomos planejados: a maior descoberta científica de todos os tempos*, 6. ed., Heziom & Koval Press, 2023, p. 27).

12. DEUS EXISTE?

A autoexistência de Deus

A "existência" de Deus pode ser apontada através de três parâmetros fundamentais:

1- Não existe o nada absoluto, pois a existência ou tudo o que existe não poderia vir dele, porque ele não pode fazer algo vir à existência, logo, a existência necessariamente exigiria uma fonte já existente. Em resumo, nada pode se autocriar a partir do nada.

2- Os nossos sentimentos, reações e emoções não podem ser derivados de fontes que não possuam essas características; por exemplo: uma árvore, uma pedra, a terra, a água, ou a gravidade. Isso revela que a nossa existência exige uma fonte que possa ter também a possibilidade de ter sentimentos ou uma consciência racional.

Se a existência exige uma fonte já existente, e a nossa existência exige uma fonte que possa ter sentimentos e ter uma consciência racional, essa fonte por definição seria Deus, um ser atemporal, autoexistente, que estaria antes de tudo, e em uma condição consciente e racional, ao invés de ser inanimado. Isso está de acordo com a conclusão da declaração escrita no começo deste livro.

3- Uma fonte inconsciente ou inanimada como a gravidade ou outra lei física não poderia estar no início de tudo porque essa condição anularia a possibilidade de termos uma consciência racional, ou seja, esse ponto fortalece a conclusão do parâmetro 2.

O nada não poderia sustentar tudo o que existe porque "ele" não tem a possibilidade de sustentar alguma coisa. Isso revela que obrigatoriamente tudo o que existe ou pode existir deve partir de uma fonte já existente, e uma fonte que transcende o começo de tudo que existe ou possa existir, pois o nada não pode gerar começo ou surgimento.

Indo para a ideia de que o universo se autogerou, isto é, se houve uma criação espontânea e essa é a razão de haver existência, como sugeriu o famoso cientista e físico teórico britânico Stephen Hawking, por causa da lei da gravidade, que faria o Big Bang ou o início do universo ser uma consequência, nesse caso a lei da gravidade fará com que o universo possa se criar a partir do nada, mas quanto a isso existe uma possível questão: Se há a lei da gravidade, significa que ela necessariamente teria surgido, e de onde ela teria surgido?

Existem duas opções:

1) Ou a gravidade aqui teria um início, pois o universo se criaria a partir do nada através dela, e esse início teria motivo ou causa, pois a gravidade aqui seria a causa do universo. Nesse caso a ideia de um criador

e organizador da vida não é refutada, porque tanto o universo como a gravidade não poderiam vir do nada absoluto, como exposto no parâmetro 1.

2) Ou a gravidade sempre existiu e possibilitou ao universo se autocriar, isto é, ela é autoexistente. Mas como ela iria estar fixada de forma autônoma se ela não possui sentimentos ou arbitrariedade?

Gravidade não possui arbitrariedade, ou seja, ela não pode produzir causas, razões ou motivos como nós, pois é inanimada. Se ela é inanimada, ela não possui sentimentos, logo, ela não poderia de forma autônoma estar fixada no começo de tudo, porque ela não poderia produzir essa vontade sendo algo inanimado, e também não poderia permitir que tivéssemos uma consciência racional e que permite sentimentos, como exposto nos parâmetros 1 e 2.

A conclusão é que a gravidade não pode ser autoexistente, sendo assim ela existiria somente através de uma causa, pois não poderia vir do nada absoluto. Aqui um criador também não seria refutado.

De acordo com essas duas opções, nada que existiu, existe ou existirá pode ser autoexistente, porque, na primeira possibilidade apresentada, ou algo surgiu e isso necessariamente demandaria um início e esse início uma causa, ou algo seria autoexistente, possibilidade que não se aplica a nenhum ser do universo, pois os seres vivos vieram à existência, e também a nenhuma lei universal ou força natural, pois são inanimadas.

Assim, autoexistência só seria possível em alguém fora do universo e com consciência e racionalidade. Por definição teológica, esse ser seria Deus, que possibilitaria tudo o que é existente vir à existência, por causa de sua autoexistência que estaria antes de qualquer ideia de existência.

O início absoluto não poderia ser inanimado, pois coisas inanimadas não podem gerar razões, pensamentos ou motivos, porque, se alguma coisa inanimada gera outra, obrigatoriamente o gerado não pode ter razões, pensamentos ou racionalidade, pois a fonte nesse caso é inanimada, ou seja, ela não pode gerar a capacidade de outro pensar e racionalizar.

Se temos a capacidade de pensar e racionalizar, obrigatoriamente esse início absoluto também deve ter essa condição, como citado na Questão 11 e no início desta questão; sendo assim, ele seria a resposta para haver tudo que tem existência, pois, se fosse inanimado, a ideia de existência não seria possível.

Isso obrigatoriamente exigiria alguém consciente e racional no início de tudo, além de ser autoexistente, pois está no início absoluto. A ideia de Deus floresce nesse ponto, e Ele elimina a possibilidade de não haver nada, como citado no primeiro parâmetro no início desta questão.

A conclusão que se pode tirar é que não tem como Deus não ser o que ele é, isto é, autoexistente. No fim das contas, Deus não existe, Deus É, e sua condição foi citada quando Ele encontrou Moisés através da sarça ardente e lhe respondeu: EU SOU O QUE SOU (Ex. 3:13–14).

REFERÊNCIAS

Livros

ALVES, Everton. **Revisitando as origens**. 1. ed. Maringá: Numar-SCB, 2018.

ARAÚJO, Mattheus. **O que aprendi com Adão e Eva**. 1. ed. Joinville: Clube de Autores, 2017.

ASSUMPÇÃO, Wanda. **... e os dois tornam-se um**: mistério e ministério no casamento. 1. ed. São Paulo: Mundo Cristão, 2006.

BEHE, Michael. **A caixa-preta de Darwin**. 1. ed. Nova York: Free Press, 1996.

BEHE, Michael. **A involução de Darwin**. 1. ed. São Paulo: Mackenzie, 2021.

BERTOLDO, Leandro. **O dia do Senhor**. 1. ed. Joinville: Clube de Autores, 2015.

EBERLIN, Marcos. **Antevidência**: como a química da vida revela planejamento e propósito. 3. ed. São Paulo: Heziom & Koval Press, 2023.

EBERLIN, Marcos. **Fomos planejados**: a maior descoberta científica de todos os tempos. 6. ed. São Paulo: Heziom & Koval Press, 2023.

FIELDING SMITH, Joseph. **The way to Perfection**. 6. ed. Utah, EUA: Sociedade Genealógica de Utah, 1946.

FONDI, Roberto; SERMONTI, Giuseppe. **Dopo Darwin**: critica all' evoluzionismo. 1. ed. Santarcangelo di Romagna: Rusconi Libri, 1980.

GEORGE EASTON, Matthew. **Illustrated Bible Dictionary**. 3. ed. Washington: Thomas Nelson, 1897.

LIMA, Lourival. **O dia em que a morte morreu**. 1. ed. Belo Horizonte: Koinonia, 2015.

LOURENÇO, Adauto. **A Igreja e o Criacionismo**. 1. ed. São José dos Campos, SP: Editora Fiel, 2011.

LOURENÇO, Adauto. **Gênesis 1 e 2**: a mão de Deus na criação. 1. ed. São José dos Campos: Editora Fiel, 2018.

MIRANDA LEÃO NETO, João Valente. **O milagre do livro "Milagres"**. 1. ed. Joinville: Clube de Autores, 2010.

PETERSON, Jordan B. **12 regras para a vida**: um antídoto para o caos. 1. ed. Rio de Janeiro: Alta Books, 2018.

RODRIGUES, Jorge. **A queda do homem** (A criação de Deus — Volume 2). 1. ed. Joinville: Clube de Autores, 2013.

SOARES, Robson. **Família, um bem de Deus**. 1. ed. Joinville: Clube de Autores, 2017.

WARREN, Rick. **Uma vida com propósitos**: você não está aqui por acaso. 1. ed. Grand Rapids, EUA: Zondervan, 2002.

WAYNE, Gary. **A conspiração do Gênesis 6**. 1. ed. Sisters, Oregon: Deep River Books, 2014.

Sites

A TEORIA da Pangeia é possível? **Got Questions**, Colorado, EUA. Disponível em: https://www.gotquestions.org/Portugues/teoria-da-pangeia.html. Acesso em: 2 set. 2021.

ÁCIDO desoxirribonucleico. **Wikipédia**. Disponível em: https://pt.wikipedia.org/wiki/%C3%81cido_desoxirribonucleico. Acesso em: 9 dez. 2023.

AFFP. Consumo diário de carne vermelha reduz expectativa de vida. **Asbran**, Pinheiros, 14 mar. 2012. Disponível em: https://www.asbran.org.br/noticias/823/consumo-diario-de-carne-vermelha-reduz-expectativa-de-vida. Acesso em: 23 out. 2022.

ALVES, Everton. A perda da capacidade de auto-produção da vitamina C. **Criacionismo**, Brasil, 18 maio 2015. Disponível em: http://www.criacionismo.com.br/2015/05/a-perda-da-capacidade-de-autoproducao.html?m=1. Acesso em: 1 jan. 2023.

ALVES, Everton. Como era a geografia do supercontinente pré-diluviano? **Criacionismo**, Brasil, 17 set. 2018. Disponível em: http://www.criacionismo.com.br/2018/09/como-era-geografia-do-supercontinente.html. Acesso em: 15 set. 2021.

ALVES, Everton. Fatos científicos que você não vê nos livros didáticos. **Criacionismo**, Brasil, 15 ago. 2016. Disponível em: http://www.criacionismo.com.br/2016/08/fatos-cientificos-que-voce-nao-ve-nos.html. Acesso em: 27 dez. 2023.

ALVES, Everton. O mundo pré-diluviano. **Origem em Revista**, Brasil, 24 ago. 2017. Disponível em: https://origememrevista.com.br/2017/08/24/o-mundo--pre-diluviano/. Acesso em: 15 set. 2021.

ALVES, Fernando. A relação "oxigênio e gigantismo" antes do dilúvio. **Criacionismo**, Brasil, 2 out. 2018. Disponível em: http://www.criacionismo.com.br/2018/10/a-relacao-oxigenio-e-gigantismo-antes.html. Acesso em: 14 mar. 2023.

AMOS, Jonathan. Cientistas 'desvendam' mistério de cemitério de baleias em deserto. **BBC News**, Londres, 26 fev. 2014. Disponível em: https://www.bbc.com/portuguese/noticias/2014/02/140226_cemiterio_baleias_chile_fn. Acesso em: 12 out. 2021.

ANDRADE, Vinícius. Ur dos Caldeus: conheça as curiosidades da antiga capital da Mesopotâmia. **Portal R7**, São Paulo, 08 fev. 2024. Disponível em: https://record.r7.com/genesis/entrevistas/ur-dos-caldeus-conheca-as-curiosidades-da-antiga--capital-da-mesopotamia-08042024/. Acesso em: 30 jun. 2024.

ARAGÃO LINS, Paulo. A Terra era um só continente no início. **Olhardireto**, Cuiabá, 20 set. 2019. Disponível em: https://olhardireto.com.br//artigos/exibir.asp?id=639&artigo=a-terra-era-um-so-continente-no-inicio. Acesso em: 27 set. 2021.

AVAN. **Wikipédia**. Disponível em: https://pt.m.wikipedia.org/wiki/Avan. Acesso em: 4 dez. 2023.

BAPTISTA, Lucas. Oceano subterrâneo é descoberto perto do núcleo da Terra. **Superinteressante**, São Paulo, 17 jun. 2014. Disponível em: https://super.abril.com.br/coluna/supernovas/oceano-subterraneo-e-descoberto-perto-do-nucleo--da-terra/. Acesso em: 6 mar. 2022.

BARBOSA, Gilson. Que espécies de animais comestíveis são o solam, o chargol e o chagab (Lv 11.22)? **ICP**, Rio de Janeiro. Disponível em: https://www.icp.com.br/icpresponde097.asp. Acesso em: 28 mar. 2023.

BARONE, Isabelle. "Há uma onda que está varrendo o planeta, e ela se chama Design Inteligente", diz cientista. **Gazeta do Povo**, Campina Grande, 27 fev. 2020. Disponível em: https://www.gazetadopovo.com.br/vida-e-cidadania/

ha-uma-onda-que-esta-varrendo-o-planeta-e-ela-se-chama-design-inteligente--diz-cientista/. Acesso em: 6 jan. 2022.

BOMBA de hidrogênio. **Wikipédia**. Disponível em: https://pt.wikipedia.org/wiki/Bomba_de_hidrog%C3%A9nio. Acesso em: 20 dez. 2021.

Caim e Abel. **Wikipédia**. Disponível em: https://pt.wikipedia.org/wiki/Caim_e_Abel. Acesso em: 25 ago. 2021.

CAMPOS, Luana. Cientistas descobrem outro oceano debaixo da terra. **Ecoa**, Campo Grande, 6 dez. 2015. Disponível em: https://ecoa.org.br/cientistas-descobrem-outro-oceano-debaixo-da-terra/. Acesso em: 6 mar. 2022.

CARNÍVOROS. **Wikipédia**. Disponível em: https://pt.wikipedia.org/wiki/Carn%C3%ADvoros. Acesso em: 19 set. 2023.

CATIVEIRO Babilônico. **Wikipédia**. Disponível em: https://pt.m.wikipedia.org/wiki/Cativeiro_Babil%C3%B3nico#:~:text=O%20Cativeiro%20Babil%C3%B-3nico%20ou%20Babil%C3%B4nico,a%20Babil%C3%B3nia%20por%20Nabucodonosor%20II. Acesso em: 23 maio 2023.

CIPRESTE: características, habitat, usos, pragas e doenças. **Maestrovirtuale. com**, Brasil. Disponível em: https://maestrovirtuale.com/cipreste-caracteristicas-habitat-usos-pragas-e-doencas/. Acesso em: 6 mar. 2023.

CLADOGÊNESE. **Wikipédia**. Disponível em: https://pt.wikipedia.org/wiki/Cladog%C3%AAnese. Acesso em: 9 out. 2021.

COMO era o Saara há 100 milhões de anos? Um mar com criaturas marítimas gigantes, conclui estudo. **Observador**, Lisboa, 12 jul. 2019. Disponível em: https://observador.pt/2019/07/12/como-era-o-saara-ha-100-milhoes-de-anos-um-mar--com-criaturas-maritimas-gigantes-conclui-estudo/. Acesso em: 12 out. 2021.

COMO se forma um vulcão? – Saiba tudo sobre essas estruturas geológicas. **Blog Hexag**, São Paulo, 2 jun. 2021. Disponível em: https://cursinhoparamedicina.com.br/blog/geografia/como-se-forma-um-vulcao-saiba-tudo-sobre-essas-estruturas--geologicas/#:~:text=Tipo%20de%20vulc%C3%A3o%20que%20possui,formar%20em%20horas%20ou%20dias. Acesso em: 30 abr. 2023.

CONEGERO, Daniel. O que significa Elohim na Bíblia? **Estilo Adoração**, Brasil, 17 fev. 2023. Disponível em: https://estiloadoracao.com/elohim=-significado/#:~:text-Elohim%20%C3%A9%20uma%20palavra%20hebraica,%E2%80%9D%20ou%20%E2%80%9Chomens%20poderosos%E2%80%9D. Acesso em: 17 fev. 2023.

DELGADO, Belén. Fósseis marinhos raros florescem no deserto peruano. **Folha de S. Paulo**, São Paulo, 29 jul. 2010. Disponível em: https://www1.folha.uol.com.br/ciencia/2010/07/774518-fosseis-marinhos-raros-florescem-no-deserto-peruano.shtml. Acesso em: 12 out. 2021.

Stephen Hawking descarta papel de Deus na criação do Universo. **BBC**, Londres, 2 set. 2010. Disponível em: https://www.bbc.com/portuguese/ciencia/2010/09/100902_hawking_deus_rp. Acesso em: 5 maio 2023.

DIAS, Fabiana. Decomposição da luz branca em sete cores visíveis ao olho humano. **Educa Mais Brasil**, Brasil, 12 abr. 2019. Disponível em: https://www.educamaisbrasil.com.br/enem/fisica/cores-do-arco-iris. Acesso em: 24 abr. 2023.

DINOSSAUROS. **Wikipédia**. Disponível em: https://pt.wikipedia.org/wiki/Dinossauros. Acesso em: 2 jun. 2023.

EFEITOS e benefícios da exposição à luz solar para a imunidade. **PucRS**, Porto Alegre, 6 maio 2020. Disponível em: https://www.pucrs.br/blog/efeitos-e--beneficios-da-exposicao-luz-solar-para-imunidade/#:~:text=A%20radia%-C3%A7%C3%A3o%20ultravioleta%20produz%20efeitos,pele%20espessada%2C%-20%C3%A1spera%20e%20manchada. Acesso em: 29 maio 2023.

ELOHIM. **Wikipédia**. Disponível em: https://pt.wikipedia.org/wiki/Elohim. Acesso em: 17 fev. 2023.

ENOS. **Wikipédia**. Disponível em: https://pt.wikipedia.org/wiki/Enos. Acesso em: 2 set. 2021.

EQUILÍBRIO pontuado. **Wikipédia**. Disponível em: https://pt.wikipedia.org/wiki/Equil%C3%ADbrio_pontuado. Acesso em: 9 out. 2021.

Estamos nos transformando em mutantes? **Criacionismo**, Brasil, 5 dez. 2012. Disponível em: http://www.criacionismo.com.br/2012/12/estamos-nos-transformando-em-mutantes_5.html. Acesso em: 20 mar. 2023.

ESTRATIGRAFIA. **Wikipédia**. Disponível em: https://pt.wikipedia.org/wiki/Estratigrafia. Acesso em: 15 set. 2021.

EVA Africana (c. 200.000 anos). **UFRGS**, Rio Grande do Sul, 29 jun. 2020. Disponível em: https://www.ufrgs.br/africanas/eva-africana-c-200-000-anos/. Acesso em: 26 out. 2021.

EVA mitocondrial. **Wikipédia**. Disponível em: https://pt.wikipedia.org/wiki/Eva_mitocondrial. Acesso em: 25 out. 2021.

EVOLUCIONISMO: a farsa de Charles Darwin. **Lepanto**, Brasil, 11 out. 2008. Disponível em: https://lepanto.com.br/ultimas-noticias/evolucionismo-a-farsa-de-charles-darwin/. Acesso em: 18 out. 2021.

EX nihilo nihil fit. **Wikipédia**. Disponível em: https://pt.m.wikipedia.org/wiki/Ex_nihilo_nihil_fit. Acesso em: 16 maio 2023.

FAGUNDES, Hugo. Das montanhas aos oceanos: o caminho dos sedimentos transportados pelos rios Amazônicos. **Conexões Amazônicas**, Brasil, 3 mar. 2021. Disponível em: https://conexoesamazonicas.org/das-montanhas-aos-oceanos-o-caminho-dos-sedimentos-transportados-pelos-rios-amazonicos/. Acesso em: 29 dez. 2023.

FALCON-LANG, Howard. Cientistas desvendam mistérios de florestas fossilizadas na Antártida. **BBC News**, Londres, 8 fev. 2011. Disponível em: https://www.bbc.com/portuguese/ciencia/2011/02/110208_florestas_antartida_mv. Acesso em: 28 dez. 2023.

FERNÁNDEZ, Cindy. Por que sentimos calor com 30°C se a nossa temperatura corporal é de 36°C? **Meteored / tempo.com**, Argentina, 2 jan. 2023. Disponível em: https://www.tempo.com/noticias/ciencia/por-que-sentimos-calor-com-30-c-se-a-nossa-temperatura-corporal-e-de-36-c-saude-clima.html. Acesso em: 16 abr. 2023.

FERREIRO. **Wikipédia**. Disponível em: https://pt.wikipedia.org/wiki/Ferreiro#Hist%C3%B3ria. Acesso em: 12 set. 2021.

FILIPCHENKO, Yuri. **Wikipédia**. Disponível em: https://en.m.wikipedia.org/wiki/Yuri_Filipchenko. Acesso em: 4 ago. 2021.

FILHOS de Deus. **Wikipédia**. Disponível em: https://pt.wikipedia.org/wiki/Filhos_de_Deus. Acesso em: 5 fev. 2023.

FLORAÇÕES de Microalgas Marinhas. **CETESB**, São Paulo. Disponível em: https://cetesb.sp.gov.br/praias/floracoes=-de-microalgas-marinhas/#:~:text-Algumas%20esp%C3%A9cies%20de%20algas%20microsc%C3%B3picas,de%20peixes%20e%20outros%20organismos. Acesso em: 19 set. 2023.

FORMA de transição. **Criaçãowiki**. Disponível em: http://creationwiki.org/pt/Forma_de_transi%C3%A7%C3%A3o#Equil.C3.ADbrio_Pontuado. Acesso em: 29 abr. 2023.

FÓSSIL de transição. **Wikipédia**. Disponível em: https://pt.wikipedia.org/wiki/F%C3%B3ssil_de_transi%C3%A7%C3%A3o. Acesso em: 19 out. 2021.

FÓSSIL poliestrata. **Criaçãowiki**. Disponível em: http://creationwiki.org/pt/F%C3%B3ssil_poliestrata. Acesso em: 27 dez. 2023.

FÓSSIL vivo. **Criaçãowiki**. Disponível em: https://creationwiki.org/pt/F%-C3%B3ssil_vivo#Cita.C3.A7.C3.B5es_sobre_f.C3.B3sseis_vivos. Acesso em: 30 nov. 2023.

FÓSSIL. **Criaçãowiki**. Disponível em: https://creationwiki.org/pt/F%C3%B3ssil. Acesso em: 12 out. 2023.

FOSSILIZAÇÃO. **Criaçãowiki**. Disponível em: https://creationwiki.org/Fossilization. Acesso em: 16 out. 2023.

GASPARETTO JUNIOR, Antônio. Semita – Povos semitas. **Infoescola** – Navegando e aprendendo, Recife. Disponível em: https://www.infoescola.com/historia/semita/. Acesso em: 20 ago. 2021.

GÊISER de Waimangu. **Wikipédia**. Disponível em: https://pt.m.wikipedia.org/wiki/G%C3%AAiser_de_Waimangu. Acesso em: 29 dez. 2023.

GEOLOGIA diluviana. **Wikipédia**. Disponível em: https://pt.wikipedia.org/wiki/Geologia_diluviana. Acesso em: 19 set. 2021.

GEÓLOGO aponta evidências de que o Dilúvio foi real: "A palavra de Deus é verdadeira". **Portal Guiame**, São Paulo, 18 dez. 2017. Disponível em: https://guiame.com.br/gospel/noticias/geologo-aponta-evidencias-de-que-o-diluvio-foi-real-palavra-de-deus-e-verdadeira.html. Acesso em: 20 set. 2021.

GOMES RIOS, Thiago. A Teoria da Tectônica de Placas. **Brasil Escola** – Meu Artigo, Brasil. Disponível em: https://meuartigo.brasilescola.uol.com.br/geografia/a-teoria-tectonica-placas.htm. Acesso em: 16 dez. 2021.

GOMES, Irene; PONTES, Helena. Em 2021, número de óbitos bate recorde de 2020 e número de nascimentos é o menor da série. **Agência IBGE Notícias**, Rio de Janeiro, 16 fev. 2023. Disponível em: https://agenciadenoticias.ibge.gov.br/agencia-noticias/2012-agencia-de-noticias/noticias/36308-em-2021-numero-de-obitos-

-bate-recorde-de-2020-e-numero-de-nascimentos-e-o-menor-da-serie#:~:text=-Entre%202019%20e%202020%2C%20de,equivalente%20a%208%2C1%25. Acesso em: 7 dez. 2023.

GOUVEIA, Rosimar. Pressão Atmosférica. **Toda Matéria**. Disponível em: https://www.todamateria.com.br/pressao-atmosferica/. Acesso em: 13 jul. 2022.

HÍBRIDO. **Wikipédia**. Disponível em: https://pt.wikipedia.org/wiki/H%C3%A-Dbrido_(biologia). Acesso em: 9 out. 2021.

HYRACOIDEA. **Wikipédia**. Disponível em: https://pt.wikipedia.org/wiki/Hyracoidea. Acesso em: 27 mar. 2023.

INFORMAÇÕES de Radiação. **Cetesb**, São Paulo, mar. 2020. Disponível em: https://cetesb.sp.gov.br/prozonesp/materiais-de-apoio/informacoes-de-radiacao/#:~:text=A%20radia%C3%A7%C3%A3o%20solar%20%C3%A9%20composta,onda%20entre%20200%20e%20400nm. Acesso em: 29 maio 2023.

LILITH. **Wikipédia**. Disponível em: https://pt.m.wikipedia.org/wiki/Lilith. Acesso em: 22 maio 2023.

LÍNGUA acádia. **Wikipédia**. Disponível em: https://pt.wikipedia.org/wiki/L%-C3%ADngua_ac%C3%A1dia. Acesso em: 20 mar. 2023.

LÍNGUA de Adão. **Wikipédia**. Disponível em: https://pt.wikipedia.org/wiki/L%-C3%ADngua_de_Ad%C3%A3o. Acesso em: 2 set. 2021.

LÍNGUA protoindo – europeia. **Wikipédia**. Disponível em: https://pt.wikipedia.org/wiki/L%C3%ADngua_protoindo-europeia. Acesso em: 2 set. 2021.

LYELL, Charles. **Criaçãowiki**. Disponível em: http://creationwiki.org/pt/Charles_Lyell. Acesso em: 26 dez. 2023.

MACEDO, Jorge; FURBINO, Zulmira. Grupo de cientistas questiona a veracidade da evolução darwiniana. **Estado de Minas**, Belo Horizonte, 3 nov. 2014. Disponível em: https://www.em.com.br/app/noticia/tecnologia/2014/11/03/interna_tecnologia,586098/grupo-de-cientistas-questiona-a-veracidade-da-e-volucao-darwiniana.shtml. Acesso em: 9 out. 2021.

MACROEVOLUÇÃO. **Wikipédia**. Disponível em: https://pt.m.wikipedia.org/wiki/Macroevolu%C3%A7%C3%A3o. Acesso em: 3 ago. 2021.

MARASCIULO, Marília. Bajau: conheça o povo que evolui para passar mais tempo embaixo d'água. **Galileu**, São Paulo, 16 mar. 2021. Disponível em: https://revistagalileu.globo.com/Ciencia/noticia/2021/03/bajau-conheca-o-povo-que-evoluiu-para-passar-mais-tempo-embaixo-dagua.html. Acesso em: 18 out. 2021.

MARIA AZEVEDO, Amanda. Números Cardinais. **Educa Mais Brasil**, Brasil, 13 maio 2019. Disponível em: https://www.educamaisbrasil.com.br/enem/matematica/numeros-cardinais. Acesso em: 11 maio 2023.

MARQUES DE SOUZA, Juliane. Paleobotânica: o que os fósseis vegetais revelam? **Ciência e Cultura**, São Paulo, out./dez. 2015. Disponível em: http://cienciaecultura.bvs.br/scielo.php?script=sci_arttext&pid=S0009=67252015000400011-#:~:text-Da%20mesma%20maneira%20que%20a,quais%20foram%20submetidas%20em%20vida. Acesso em: 16 out. 2022.

MCNEILL, Bridgette. Consumir mais alimentos vegetais pode diminuir o risco de doenças cardíacas em adultos jovens e mulheres pós-menopausa. **Nutrição t4h**, Brasil, 4 ago. 2021. Disponível em: https://nutricao.t4h.com.br/noticias/consumir-mais-alimentos-vegetais-pode-diminuir-o-risco-de-doencas-cardiacas-em-adultos-jovens-e-mulheres-pos-menopausa/?cn-reloaded=1. Acesso em: 23 out. 2022.

MEGAFAUNA. **Wikipédia**. Disponível em: https://pt.wikipedia.org/wiki/Megafauna#:~:text=Megafauna%20%C3%A9%20o%20tipo%20de,de%20extin%C3%A7%-C3%A3o%20do%20Quatern%C3%A1rio%20tardio. Acesso em: 23 fev. 2022.

MEGANEURA. **Wikipédia**. Disponível em: https://pt.wikipedia.org/wiki/Meganeura. Acesso em: 23 fev. 2022.

MENESINI, Monica. Por que nossos corpos envelhecem? **Portal do Envelhecimento e Longeviver**. Disponível em: https://www.portaldoenvelhecimento.com.br/por-que-nossos-corpos-envelhecem/. Acesso em: 30 ago. 2021.

MESOPOTÂMIA. **Wikipédia**. Disponível em: https://pt.wikipedia.org/wiki/Mesopot%C3%A2mia. Acesso em: 20 ago. 2021.

MUELLER, Tom; BARNES, Richard. O vale das Baleias revela uma das mais espantosas transformações da evolução. **National Geographic**, Portugal, 27 set. 2020. Disponível em: https://www.nationalgeographic.pt/historia/o-vale-das-baleias-revela-uma-das-mais-espantosas-transformacoes-da-evolucao_2298. Acesso em: 12 out. 2021.

MUGLIA, Alice. Eva mitocondrial: a matriarca da humanidade. **Eurekabrasil**, Brasil, 9 mar. 2018. Disponível em: http://eurekabrasil.com/eva-mitocondrial--matriarca-da-humanidade/. Acesso em: 26 out. 2021.

NEFILIM. **Wikipédia**. Disponível em: https://pt.wikipedia.org/wiki/Nefilim. Acesso em: 5 fev. 2023.

O PRIMEIRO livro de Adão e Eva. **Wikipédia**. Disponível em: https://pt.wikipedia.org/wiki/O_Primeiro_Livro_de_Ad%C3%A3o_e_Eva. Acesso em: 20 ago. 2021.

O QUE a Bíblia que dizer com "vós sois deuses" em Salmo 82:6 e João 10:34? **Got Questions**, Colorado, EUA. Disponível em: https://www.gotquestions.org/Portugues/vos-sois-deuses.html. Acesso em: 15 ago. 2021.

O QUE é o betume na Bíblia? **afontedeinformacao.com**, Brasil. Disponível em: https://afontedeinformacao.com/biblioteca/artigo/read/15806-o-que-e-o-betume-na-biblia. Acesso em: 17 abr. 2023.

O QUE são radicais livres e como evitá-los? **eCycle**, São Paulo. Disponível em: https://www.ecycle.com.br/radicais-livres/#:~:text=Ao%20capturar%20o%20el%C3%A9tron%20dessas,os%20sistemas%20de%20defesa%20antioxidante. Acesso em: 6 set. 2023.

ONDE está o elo perdido? **Superinteressante**, São Paulo, 31 ago. 2003. Disponível em: https://super.abril.com.br/ciencia/onde-esta-o-elo-perdido/. Acesso em: 18 out. 2021.

OS "DIAS" da criação são literais ou representam eras? **Biblia.com.br**, Brasil. Disponível em: https://biblia.com.br/perguntas-biblicas/os-dias-da-criacao-sao--literais-ou-representam-eras/. Acesso em: 15 abr. 2023.

OS SACRIFÍCIOS no Antigo Testamento. **Estilo Adoração**, Brasil. Disponível em: https://estiloadoracao.com/os-sacrificios-no-antigo-testamento/. Acesso em: 27 mar. 2023.

PAULO MARTINS, João. Terra possui um gigantesco 'oceano' subterrâneo. **Encontro**, Minas Gerais, 4 fev. 2019. Disponível em: https://www.revistaencontro.com.br/canal/internacional/2019/02/terra-possui-um-gigantesco-oceano-subterraneo.html. Acesso em: 6 mar. 2022.

PEDRO, João. 11 descobertas que provam que gigantes existiram há 3 bilhões de anos. **Conhecimento Científico**, Brasil, 26 jun. 2021. Disponível em: https://

conhecimentocientifico.com/10-descobertas-que-podem-provar-que-os-gigantes-existiram/. Acesso em: 5 out. 2021.

PENA, Rodolfo F. Alves. Assoreamento de rios. **Brasil Escola**,Brasil. Disponível em: https://brasilescola.uol.com.br/geografia/assoreamento-rios.htm. Acesso em: 12 set. 2022.

PERSONA, Mario. Por que Deus proibiu comer da Árvore da Vida. **O que respondi... às pessoas que me perguntaram sobre a Bíblia**. Disponível em: https://www.respondi.com.br/2012/01/por-que-deus-proibiu-comer-da-arvore-da.html?m=1. Acesso em: 20 ago. 2021.

PESQUISA acha fóssil de primata que pode ser 'elo perdido' da evolução. **G1**, São Paulo, 4 jun. 2012. Disponível em: http://g1.globo.com/ciencia-e-saude/noticia/2012/06/pesquisa-acha-fossil-de-primata-que-pode-ser-elo-perdido-da--evolucao.html. Acesso em: 19 out. 2021.

PLANETA Terra era completamente coberto por água há 3 bilhões de anos. **Galileu/globo.com**, São Paulo, 3 mar. 2020. Disponível em: https://revistagalileu.globo.com/Ciencia/noticia/2020/03/planeta-terra-era-completamente-coberto--por-agua-ha-3-bilhoes-de-anos.html. Acesso em: 17 mar. 2023.

QUAL a diferença entre corpo, alma e espírito? Homem: a perfeita criação. **Enfoque Bíblico**, 11 nov. 2016. Disponível em: https://enfoquebiblico.com.br/diferenca-entre-corpo-alma-e-espirito/. Acesso em: 15 ago. 2021.

QUANTOS sistemas planetários já foram descobertos na Via Láctea? **Blog Espacial**. Disponível em: https://planetariodevitoria.org/foguetes/quantos-sistemas--planetarios-ja-foram-descobertos-na-via-lactea.html. Acesso em: 11 maio 2023.

RIBEIRO, Fabrízia. Afinal, quanto frio um ser humano é capaz de suportar? **Megacurioso**, Brasil, 10 jan. 2014. Disponível em: https://www.megacurioso.com.br/corpo-humano/40566-afinal-quanto-frio-um-ser-humano-e-capaz-de-suportar-.htm#:~:text=Por%C3%A9m%2C%20como%20regra%20geral%2C%20sabemos,se%20adaptam%20bem%20no%20frio. Acesso em: 16 abr. 2023.

SANTOS, Juliana. A ciência responde: a arca de Noé poderia flutuar? **Veja**, São Paulo, 25 abr. 2014. Disponível em: https://veja.abril.com.br/ciencia/a-ciencia--responde-a-arca-de-noe-poderia-flutuar/#:~:text=O%20texto%20b%C3%A-Dblico%20menciona%20a,escolheram%20o%20cipreste%20como%20exemplo. Acesso em: 6 mar. 2023.

SEPÚLVEDA, Alejandro. A população mundial está aumentando: dobrou em meio século! **Meteored / tempo.com**, Chile, 7 dez. 2023. Disponível em: https://www.tempo.com/noticias/ciencia/a-populacao-mundial-esta-disparando-dobrou-em-meio-seculo.html. Acesso em: 7 dez. 2023.

SETE (Bíblia). **Wikipédia**. Disponível em: https://pt.wikipedia.org/wiki/Sete_(B%C3%ADblia). Acesso em: 20 ago. 2021.

SOROSKI, Jason. Por que Noé usou a madeira Gofer para construir a arca? **Biblioteca do Pregador**, Paraná, 5 dez. 2022. Disponível em: https://bibliotecadopregador.com.br/por-que-noe-usou-a-madeira-gofer-para-construir-a-arca/. Acesso em: 5 mar. 2023.

STEVENSON, Gabriel. DNA Mitocondrial: viemos todos de uma mesma mulher. **Criacionismo**, Brasil, 24 fev. 2016. Disponível em: http://www.criacionismo.com.br/2016/02/dna-mitocondrial-viemos-todos-de-uma.html?m=1. Acesso em: 25 abr. 2023.

TARSO, Paulo. Por que Deus aceitou a oferta de Abel, mas rejeitou a de Caim? **Unigrejas**, São Paulo, 24 set. 2019. Disponível em: https://www.unigrejas.com/ler-coluna/155/por-que-deus-aceitou-a-oferta-de-abel-mas-rejeitou-a-de-caim.html. Acesso em: 26 ago. 2021.

TECTÔNICA de placas catastrófica. **Criaçãowiki**. Disponível em: http://creationwiki.org/pt/Tect%C3%B4nica_de_placas_catastr%C3%B3fica. Acesso em: 31 maio 2023.

TEORIA das hidroplacas. **Wikipédia**. Disponível em: https://pt.wikipedia.org/wiki/Teoria_das_hidroplacas. Acesso em: 15 set. 2021.

Traduções da Bíblia em língua portuguesa. **Wikipédia**. Disponível em: https://pt.wikipedia.org/wiki/Tradu%C3%A7%C3%B5es_da_B%C3%ADblia_em_l%C3%ADngua_portuguesa. Acesso em: 2 jun. 2023.

TULIO RODRIGUES, Leonardo. Cuidado com as toxinas na sua água. **Central de Notícias Uninter**, Curitiba, 8 out. 2021. Disponível em: https://www.uninter.com/noticias/cuidado-com-as-toxinas-na-sua-agua#:~:text=O%20principal%20agente%20para%20a,naquele%20ambiente%E2%80%9D%2C%20afirma%20Augusto. Acesso em: 19 set. 2023.

UMEWAKA, Naotomo; EL-BEIH, Yasmin. A misteriosa 'cidade' submarina no Japão. **BBC Future**, Londres, 23 maio 2021. Disponível em: https://www.bbc.com/portuguese/vert-fut-56799667. Acesso em: 3 dez. 2023.

Ur. **Wikipédia**. Disponível em: https://pt.wikipedia.org/wiki/Ur. Acesso em: 14 ago. 2021.

VITAMINA C – Linus Pauling tinha razão? **Nutranews**, França, 10 abr. 2019. Disponível em: https://www.nutranews.org/pt--vitaminas--vitamina-c-a%E-F%BF%BD%E2%80%9C-linus-pauling-tinha-razao--1484#:~:text=Porque%20%C3%A9%20que%20perdemos%20a,fontes%20alimentares%20dessa%20vitamina%20C. Acesso em: 4 dez. 2022.

VITAMINA C, para onde você foi? **Nutrição Prática & Saudável**, Brasil, 29 jan. 2021. Disponível em: http://www.nutricaopraticaesaudavel.com.br/nutricao-e--saude/vitamina-c-para-onde-voce-foi/. Acesso em: 1 jan. 2023.

VULCÃO. **Criaçãowiki**. Disponível em: https://creationwiki.org/Volcano#-Volcanic_gas. Acesso em: 19 out. 2023.

ZIMMER, Carl. Ancestrais do homem produziam vitaminas. **Gazeta do Povo**, Curitiba, 19 jan. 2014. Disponível em: https://www.gazetadopovo.com.br/mundo/new-york-times/ancestrais-do-homem-produziam-vitaminas-9h9s-jh03hx28xnm8xx6qwkfgu/#:~:text=Parece%20que%20as%20vitaminas%20foram,esp%C3%A9cies%20posteriores%20perderam%20essa%20capacidade. Acesso em: 17 jan. 2023.